人生没有
随随便便的成功

PERFECT LIFE

民主与建设出版社
·北京·

民主与建设出版社，2024

图书在版编目(CIP)数据

人生没有随随便便的成功：成功从不会放弃任何人，只是你放弃成功罢了 / 青帆著. -- 北京：民主与建设出版社，2017.11（2024.6重印）

ISBN 978-7-5139-1767-4

Ⅰ.①人… Ⅱ.①青… Ⅲ.①成功心理 - 通俗读物 Ⅳ.①B848.4-49

中国版本图书馆CIP数据核字（2017）第258316号

人生没有随随便便的成功
REN SHENG MEI YOU SUI SUI BIAN BIAN DE CHENG GONG

著　　者	青　帆
责任编辑	王　颂　袁　蕊
出版发行	民主与建设出版社有限责任公司
电　　话	（010）59417747　59419778
社　　址	北京市海淀区西三环中路10号望海楼E座7层
邮　　编	100142
印　　刷	三河市同力彩印有限公司
版　　次	2018年1月第1版
印　　次	2024年6月第2次印刷
开　　本	880mm×1230mm　1/32
印　　张	6
字　　数	180千字
书　　号	ISBN 978-7-5139-1767-4
定　　价	48.00 元

注：如有印、装质量问题，请与出版社联系。

目录 CONTENTS

第一辑 CHAPTER 01
你应该成为强者

002	你应该成为强者
004	人生的胜利者
006	助你走向成功的"贵人"
008	成功是一串失败的轨迹
011	成为自己的英雄
014	构筑自己的天堂
016	屈辱是一种动力
018	人生好比一口大锅
020	这就是我的A
024	肖申克的救赎
026	从废墟中发掘金矿
028	寻找那扇打开着的门

030	你能做到任何事情
033	不害怕，不后悔
035	欣赏每一点进步
037	思考带来的无限可能
040	试金石
043	只能够依靠自己
045	不用急着爬起来
047	别把目光盯着朦胧的远方

第二辑 CHAPTER 02
敞开你的心灵

052	敞开你的心灵
054	如此简单

目录
CONTENTS

056	别让奇迹陨灭
058	如何在几秒钟里变得自信
061	美好的人生
063	最重要的事是诚实
065	人性最微妙的一种感觉
068	真相面前人人平等
071	生活就像洋葱
073	别对人说你和上司的旧谊
076	你是否想过改变自己的现状
081	战胜对手
083	信与望
086	幸福的因素
088	忧郁是一种高级情感
090	诚信为本
093	一双眼睛

095　　　人生"宝藏"

第三辑 CHAPTER 03
它们，才是我们的最爱

098　　　它们，才是我们的最爱
101　　　微笑的脸
103　　　婚姻的真谛
105　　　生命的声音
107　　　爱是旅行中最好的伙伴
110　　　他是谁？谁解他
118　　　群众演员
120　　　小女人的独特人生
123　　　我可以得到这份工作

目录
CONTENTS

127　寻找珍爱
130　扑进画框
133　山水秋意
137　希望在，美好就在
139　让自己喜欢每一个生命阶段

第四辑 CHAPTER 04
一起改变，一起成长

142　一起改变，一起成长
149　世界上最美丽的声音
152　居里夫人的选择
159　珍贵的纯净水
162　认识自己的缺点

166　父亲那个温暖的拥抱
168　收藏盒中的汇款单
170　黑暗的照耀
173　两块不说话的石头
176　这是我儿子的鱼
178　关键是他做了没有
180　这就是我的父亲
183　对你最重要的人

第一辑

你应该
成为强者

你应该成为生活道路上的强者，

让你自己和周围的一切变得更好、

更漂亮、

更有意义。

你应该成为强者

如果有一锅热水摆在我面前，我会毫不犹豫地选择做一颗咖啡豆，奋不顾身地跳下，大声地说："让热水来得更猛烈些吧，请把我磨炼成生活的强者！"

一天，女儿满腹牢骚地向父亲抱怨起生活的艰难。

父亲是一位著名的厨师。他平静地听完女儿的抱怨后，微微一笑，把女儿带进了厨房。父亲往三口同样大小的锅里倒进了一样多的水，然后将一根大大的胡萝卜放进了第一只锅里，将一个鸡蛋放进了第二只锅里，又将一把咖啡豆放进了第三只锅里，最后他把三口锅放到火力一样大的三个炉子上烧。

女儿站在一边，疑惑地望着父亲，弄不清他的用意。

20分钟后，父亲关掉了火，让女儿拿来两个盘子和一个杯子。父亲将煮好的胡萝卜和鸡蛋分别放进了两个盘子里，然后将咖啡豆煮出的咖啡倒进了杯子。他指着盘子和杯子问女儿："孩子，说说看，你见到了什么？"

女儿回答说："还能有什么，当然是胡萝卜、鸡蛋和咖啡了。"

父亲说："你不妨碰碰它们，看看有什么变化。"

女儿拿起一把叉子碰了碰胡萝卜，发现胡萝卜已经变得很软。她又拿起鸡蛋，感觉到了蛋壳的坚硬。她在桌子上把蛋壳敲破，仔细地用手摸了摸里面的蛋白。然后她又端起杯子，喝了一口里面的咖啡。做完这些以后，女儿开始回答父亲的问题："这个盘子里是一根已经变得很软的胡萝卜；那个盘子里是一个壳很硬、蛋白也已经凝固了的鸡蛋；杯子里则是香味浓郁、口感很好的咖啡。"说完，她不解地问父亲，"亲爱的爸爸，您为什么要问我这么简单的问题？"

父亲严肃地看着女儿说："你看见的这三样东西是在一样大的锅里、一样多的水里、一样大的火上用一样多的时间煮过的。可它们的反应却迥然不同。胡萝卜生的时候是硬的，煮完后却变得那么软，甚至都快烂了；生鸡蛋是那样的脆弱，蛋壳一碰就会碎，可是煮过后连蛋白都变硬了；咖啡豆没煮之前也是很硬的，虽然煮了一会儿就变软了，但它的香气和味道却溶进水里变成了可口的咖啡。"

父亲说完之后接着问女儿："你像它们之中的哪一个？"

现在，女儿更是有些摸不着头脑了，只是怔怔地看着父亲，不知如何回答。

父亲接着说："我想问你的是，面对生活的煎熬，你是像胡萝卜那样变得软弱无力还是像鸡蛋那样变硬变强，抑或像一把咖啡豆，身受损而不堕其志，无论环境多么恶劣，都向四周散发出香气、用美好的感情感染周围所有的人？简而言之，你应该成为生活道路上的强者，让你自己和周围的一切变得更好、更漂亮、更有意义。"

我们应该成为胡萝卜、鸡蛋还是咖啡豆？面对困难和挫折，我们曾经害怕、犹豫和退缩，也会像胡萝卜一样变得软弱无力，失去了面对困难的勇气和一颗坚强的心。有人说："在人生道路上，我们无法选择顺境和逆境，但我们可以选择不同的态度。"是啊，我们不仅应该成为一枚勇敢坚强的鸡蛋，更应该成为创造美好生活的咖啡豆。

人生的胜利者

人一旦不存希望,生命也就休止。希望的具体表现就是欲,它形成具体的目标和实践的动力,而令自己乐于完成它,乐于实现它,从而缔造幸福的生活。

亚历山大大帝给希腊世界和东方世界带来了文化的融合,开辟了一直影响到现在的丝绸之路的丰饶世界。据说他投入了全部青春的活力,出发远征波斯之际,曾将他所有的财产分给了臣下。

为了登上征伐波斯的漫长征途,他必须买进种种军需品和粮食等物,为此他需要巨额的资金。但他把从珍爱的财宝到他领有的土地,几乎全部都给臣下分配光了。

群臣之一的庞尔狄迦斯,深以为怪,便问亚历山大大帝:

"陛下带什么启程呢?"

对此,亚历山大回答说:

"我只有一个财宝,那就是'希望'。"

据说,庞尔狄迦斯听了这个回答以后说:"那么请允许我们也来分享它吧。"于是他谢绝了分配给他的财产,而且臣下中的许多人也仿效了他的做法。

我的恩师,户田城圣创价学会第二代会长,经常向我们说:"人生不能无希望,所有的人都是生活在希望当中的。假如真的有人是生活在无望的人生当中，那么他只能是失败者。"人很容易遇到些失败或障碍，于是悲观失望，消极下去，或是在严酷的现实面前，失掉活下去的勇气；或怨恨他人，结果落得个唉声叹气、牢骚满腹。其实，身处逆境而不丢掉希望的人，肯定会打开一条活路，在内心里也会体会到真正的人生欢乐。

保持"希望"的人生是有力的。失掉"希望"的人生，则通向失败之路。"希望"是人生的力量，在心里一直抱着美梦的人是幸福的。也可以说抱有"希望"活下去，是只有人类才被赋予的特权。只有人，才由其自身产生出面向未来的希望之光，才能创造自己的人生。

走在人生这个征途中，最重要的既不是财产，也不是地位。而是在自己胸中像火焰般熊熊燃起的一念，即"希望"。因为那种毫不计较得失、为了巨大希望而活下去的人，肯定会生出勇气，不以困难为惧，肯定会激发出巨大的激情，开始闪烁出洞察现实的睿智之光。只有睿智之光与时俱增、终生怀有希望的人，才是具有最高信念的人，才会成为人生的胜利者。

人要抱着希望才能活得好。希望是指主动去让生活变得更美好，更有活力。希望不是消极地期待，而是主动地创造。希望即是生命和生活的本身，而不是野心和贪婪。因此抱着希望的人，总是心怀具体的目标和理想，而非虚幻的空想。他们不断孕育新的生活，心智不断成长，因此生命也蓬勃发展。

助你走向成功的"贵人"

足球明星梅西曾对采访他的记者说:"我最感谢的人是那些曾经看轻我的人。因为如果没有那些嘲讽和轻视,我会一直以天才自居。阿根廷从来不缺乏天才,但最后真正成为可用之材的却寥寥无几。"

商品洽谈会上,有一位年轻的总经理很引人注目。他举止得体,风度翩翩。很多人都热衷于和他谈生意。

钱经理也是其中一个。当他和这位做丝绸生意的年轻总经理洽谈的时候,总经理看了他一眼,问:"钱经理,你还认识我吗?"钱经理摇了摇头:"对不起,我们好像是头一次见面啊!"

总经理说:"钱老板,你不认识我可是我认识你。我18岁时,给你擦过皮鞋。那时候,我家里很穷,妈妈卧床不起。我每次给你擦皮鞋的时候,你都会说我擦得不干净,擦得不亮,让我再擦一次。我也只好忍气吞声给你再擦一次,每次你找我擦鞋都是这样。你知道我当时是怎么想的吗?我心里发誓将来我要当一个比你还要大的老板。我向亲戚借钱读完了大学。现在,我想对你说,谢谢你成就了我。

"其实,我原本只想当一个小小的擦鞋工,将来开一个小擦鞋店,我就知足了。是你让我有了更高的理想,而且我坚定地去实现了。谢谢你成就了我!"

钱经理的脸一下子红到了耳根。是他当年的羞辱成就了一个年轻人,当年的擦鞋工,现在是一位风度翩翩的大型企业老板,而他钱经理,依然是一个小服装厂的老板。

人生有时候就是这样,一个羞辱你的人,恰恰成了你拼搏努力走向成功的"贵人"。

我们不想羞辱别人,但也绝不希望被别人羞辱。面对羞辱,反唇相讥,以牙还牙,当然是快事一桩。但是被狗咬了一口,你再反咬它一口,固然畅快淋漓,那实际上也把自己降低到狗的层次。最好的办法,就是用非凡的努力、辉煌的事业来回击当年的羞辱,证明我是个大写的人。

成功是一串失败的轨迹

失败并非一无是处。它会令你变得越来越坚强，不再是一碰到困难就退缩的胆小鬼。有的时候失败还会变成你手中的一把利剑，替你砍去阻挡你的灌木杂草。

气象局预告有强台风来袭，主办单位并未因而停办活动，我依约在风雨中去了新竹演讲。两小时很快就结束，趁着风势还未转强，我急于赶回家，没想到一位听众拦住了我的去路，约我谈心。看他忧心忡忡的模样，我不忍拒绝，便点头同意了。于是他带我踏入布置优雅、很有人文风采的咖啡厅，选了一处面向公园，绿意浓浓的雅座。

起初他吞吞吐吐，欲言又止，最后终于鼓起勇气把压抑、隐藏了20年的噩梦，一股脑说了出来。

"不知道女儿是否依然怨我？"这话没头没尾，我不明就里，于是听他娓娓道来。

眼前的这位老先生是一位退休的高中教员，在学校以严格著称，是公认的名师、升学班的代表人物、家长信任的对象，堪称红人。他认为，即使孩子被打被骂都无所谓，最重要的是可以考上好学校。

他对学生要求很高，对自己的女儿更不在话下。女儿在校表现不错，据说有念医学院的实力，父亲对她寄予厚望，明里、暗里指示，非考上医学院不可。女儿的压力全写在脸上，联考前一个月，常常无故生病、腹痛、头晕，以至于马失前蹄，不仅没有考上医学院，连普通大学都没摸着边，最终上了一所学费昂贵的私立大学。眼前的这位老先生当时完全无法接受，破口大骂，翻天覆地地闹了好几回。女儿成天以泪洗面，仿佛天塌下来似的。他终于隐忍不住心中的沮丧，脱口而出："考那么烂，不会去跳楼啊？"语毕，重重地踢了大门一脚，扬长而去。

女儿因而失踪了7天，他焦急地四处打探，请求协寻，终于在一间废弃的老屋找着满身污垢的女儿。从此之后，父女四年不说话，这个结直到女儿大学毕业，通过留学托福考试才解开。

"我不知道她还恨不恨我？"

"你觉得呢？"

"应该心结已解，她都结婚生子了，也很孝顺，只是我的结未解，不舒坦啊？还好没跳楼，否则我的罪洗不清了。"

"真的没跳，那就放下吧，往前看才能用爱释怀。"

我拍拍他的肩，他似有所悟，点头感恩，在风中离开咖啡厅，迷蒙的身影隐没在水花溅起的白雾之中。

风中的耽搁，让我回程中遇上了暴风雨，但因解开一位老者长年的心结，也算公德一件。他所言之事，让我对人生也有所悟。

失败未必一无是处！

我的一位在小学任职的友人曾语重心长地对我说："一张考卷，决定不了人生，但我们却选择被它决定。"好有哲理的省思！人生长路，一帆风顺本是骗局，我们竟然深信不疑。风雨不断才是常态，可是华人基因里却隐伏着"怕失败"的特性，以为天会因为一次失败塌下来。即使大考真没考好，也只是一次没考好，并不代表人生从此不顺，这点多数人是想不清楚的。

西方哲人的眼中，失败是有趣的，它送来了两份厚礼，一是经验，二是阅历。这两者正是构成智慧的重要条件。

平顺是人生大礼，但过于平顺，也许连创思都不见了，哪能举一反三？至少我所见过的许多才华横溢的人，童年时期都是困苦艰难的，仿佛应了"吃得苦中苦，方为人上人"的古训。

失败是机会，可以因而了解自己的足与不足，这点至关重要。在我看来，人生至少有两部大书非读不可，一部是自己，一部是自然，能够通过失败了解自己的兴趣与性向的人，反而因祸得福。

我便是一例。当年大学联考，志在医学院，但阴差阳错进了心理学系，只因填错了志愿。人生从此大转折，却因而失之东隅，收之桑榆。

医学院我不爱，即使被录取，毕业了，开一间诊所，大约也不会太快乐。赚得了钱，但未必赚到生活美学。心理系我喜欢，读来起劲，花了心力，成就一家之言，更重要的是我因而添了助人的利器，依它四处施法。

医学院是好路，但心理系是对路，好路未必好，对路才有活路。失败不好吗？每一次失败都使我更接近成功。成功者都是如此不停地失败，不断地反省，一再地进化，反刍成智慧。怪不得有人相信，成功是一串失败的轨迹。

失败是我们在成长的时候必须经历的一件事，没有失败过的人才是最失败的，因为他们没有那个胆量去尝试失败的滋味。他们内心对失败的恐惧会变成荆棘，随着时间的推移，他们会越长越大、越长越大，使他们变得脆弱不已，禁不起一点点的挫折，有一点点的失败就会崩溃。

成为自己的英雄

我们常常梦想身边有一个超级英雄,每每需要时就会以光速出现在自己面前。可实际上,只要你愿意,每个人都能成为英雄,把所有的困难和问题打包解决。

对于檀咪·希尔来说,2002年感恩节是个快乐的日子。她开车载着三个孩子——一岁零八个月的特里莎、四岁的特芳妮和七岁的特杜斯,去她的父母家吃晚饭,那里距自己家只有半个小时车程。

这是这个家庭破裂之后过的第二个感恩节。檀咪和她的丈夫阿丹斯两年前离婚了,每天晚上八点,孩子们都会准时接到父亲的电话。

那是个星期四,在开车回家的路上,檀咪接到了阿丹斯的电话。她把手机递给了儿子特杜斯。小男孩刚刚说完拜拜,电话又响了。由于够不到特杜斯手上的手机,她解开了安全带。当她靠近儿子的手时,卡车失控了。

"我开进了路旁的沟里,车子弹起了两次。"檀咪回忆道,"幸运的是,孩子们都在后面的车座上。我被甩出车窗,立刻就不省人事了。"

这个夜晚乌云满天,没有月亮,也没有繁星。阿丹斯的孩子们的生活就在这几秒钟内改变了。妈妈不见了。他们待在一条死寂的马路上的一辆卡车里,风从破了的车窗吹了进来,几乎能把人冻死。他们看不到妈妈,也听不到妈妈的声音——她在离车几米远的地方失去了知觉。特杜斯一下子变成了这个家的家长。

"我们动了动,但是被安全带绑着。"特杜斯回忆说,"我解开了安全带的扣子。我有一些害怕,但是看到惊慌的妹妹们,我又不是特别害怕了。"

特杜斯小心地拉过毯子,盖在两个小妹妹身上,并告诉她们他得出去求救。他从破了的车窗爬出去找妈妈,可是在一团漆黑里,他什么也看不见,而在离公路几里远的地方,他看到了奶牛场的灯光。

"特杜斯其实很怕黑,"檀咪讲起了自己的儿子,"每天晚上睡觉的时候,他总是让卧室亮着灯。我很惊讶他会勇敢地爬出卡车。"

"天冷极了。"特杜斯说。那天的天气报道说结了冰,但是他仍然爬了出去。

"他钻过三重篱笆,包括一道电网。"他的妈妈说,"他被划破了耳朵和脸蛋。"

大约20分钟后,特杜斯到达了奶牛场,在一所房子前面停了下来,那是一所移民工人的房子。他们立刻意识到这个小男孩有苦衷。但是他们都不会说英语,无法和他交流。其中一个人立刻跑去找来了翻译。

那个工人很快带来了一个既会英语又会西班牙语的邻居。那个人马上拨打911,并带着特杜斯回到了事故现场。

彼得是第一个赶来的警察。"特杜斯太令人吃惊了,"他说,"在这么一场事故之后,他还能准确地告诉我他的妹妹们的生日,和两三个亲戚的电话号码。我知道他被吓坏了,因为他走到奶牛场对大人们讲话的时候声音都是颤抖的,但这个孩子真是令人难以置信,他给了我所有需要的信息。"

救护车迅速把檀咪送到医院,医生说如果晚来一刻钟的话,檀咪就可能失血过多没命了。檀咪一直昏迷了三天,当她苏醒过来后,全美的报纸和电视都对特杜斯在那样危急的关头救了全家的事迹进行了报道。

美国著名脱口秀节目把檀咪一家邀请了过去,在节目上特别采访了七岁的小男孩特杜斯，女主持人奥普拉·温弗莉问特杜斯："听你妈妈说，平时你是很怕黑的。天气那么寒冷，妈妈不见了，是什么力量让你跑了几里路找来救兵的？难道你不害怕吗？"小特杜斯脸红红的，略带羞涩地说："是的，我当时很害怕，可是我必须做英雄。妈妈不见了，我就应该是两个妹妹的英雄，我必须救她们，救我们的妈妈。我希望我们一家人能够永远快快乐乐地生活在一起……"特杜斯的话一说完，节目现场响起热烈的掌声，主持人奥普拉也颇为激动地说："是的，当我们面对危险的时候，我们都应该成为自己的英雄。"

这世间大部分的人，都是平凡如你我，从不敢去奢望能主宰他人还是自己的命运。但事实上，每个人都是英雄，从现在开始，让我们鼓起勇气坦承自己的不足，再去追寻，去改变，去战胜自己的怯懦。在这个过程中，我们一定会变得强大，说不定还会让曾经遥远的梦想成真。

构筑自己的天堂

人生路上，总有一天我们遭遇挫折。但是你要永远记得，无论黑夜多么漫长不堪，黎明始终会如期而至。绝望的时候抬头看，希望的光一直在头上。

在一个贸易洽谈会上，我作为会务组的工作人员，把一个中年人和一个小伙子送进了他们的住房——本市一家高级酒店的38楼。小伙子俯瞰下面，觉得头有点眩晕，便抬起头来望着蓝天，站在他身边的中年人关切地问，你是不是有点恐高症？

小伙子回答说，是有点，可并不害怕。接着他聊起小时候的一桩事："我是山里来的娃子，那里很穷。每到雨季，山洪暴发，一泻而下的洪水淹上了我们放学回家必经的小石桥，老师就一个个送我们回家。走到桥上时，水已没过脚踝，下面是咆哮着的湍流，看着心慌，不敢挪步。这时老师说，你们手扶着栏杆，把头抬起来看着天往前走。这招真灵，心里没有了先前的恐怖，也从此记住了老师的这个办法，在我遇上险境时，只要昂起头，不肯屈服，就能穿越过去。"

中年人笑笑，问小伙子："你看我像是寻过死的人吗？"小伙子看着面前这位刚毅果决、令他尊敬的副总裁，一脸的惊异。中年人自个儿说了下去："我原来是个坐机关的，后来辞职做生意，不知是运气不好还是不谙商海的水性，几桩生意都砸了，欠了一屁股的债，债主天天上门讨债，

6万多元啊，这在那时可是一笔好大的数字，这辈子怎能还得起。我便想到了死，我选择了深山里的悬崖。我正要走出那一步的时候，耳边突然传来苍老的山歌，我转过身子，远远看见一个采药的老者，他注视着我，我想他是以这种善意的方式打断我轻生的念头。我在边上找了片草地坐着，直到老者离去后，我再走到悬崖边，只见下面是一片黢黑的林涛，这时我倒有点后怕，退后两步，抬头看着天空，希望的亮光在我大脑里一闪，我重新选择了生。回到城市后，我从打工仔做起，一步步走到了现在。"

其实，在我们每个人的一生中，随时都会和他们两位一样碰上湍流与险境，如果我们低下头来，看到的只会是险恶与绝望，在眩晕之中失去了生命的斗志，使自己堕入地狱里。而我们若能抬起头，看到的则是一片辽远的天空，那是一个充满了希望并让我们飞翔的天地，我们便有信心用双手去构筑出一个属于自己的天堂。

低头看到的是绝望，抬头看见的却是希望。人生就应该如此，在苦难面前，不要过多去关注它，更不要带着放大镜去看，而要把眼光放远，多看看头顶的蓝天，心中就会涌起生活的希望。头顶蓝天，脚踏困境，一定能走出一片崭新的天地。

屈辱是一种动力

在我们的人生路上，几乎所有人都会背负屈辱，有的人明白了屈辱一旦化为希望，就是成功的动力；而有的人则不明白这个道理，最终背负屈辱消极地沉寂下来，让自己的人生变得一无所有。

在美国，有一位叫库帕的大学生一时找不到工作，就在弹尽粮绝的时候，他决定去乔治的公司试试。库帕是一位无线电爱好者，从小就崇拜无线电界的资深人士乔治；如果乔治能够接纳他，他想，他肯定能够学到很多东西，日后也能像乔治一样在无线电行业取得巨大的成绩。当库帕敲开乔治的房门时，乔治正在专心研究无线电话；也就是我们现在常用的手机。

库帕将自己在心里想了很久的话，小心翼翼地在乔治面前讲了出来。他说："尊敬的乔治先生，我很想成为您公司的一员，如果能够留在您的身边，当您的助手，那就更好了。当然，我不求待遇……"谁知，还没等库帕说完，乔治便粗暴地将他的话打断了。乔治用不屑的眼神看着库帕说："请问你是哪一年毕业的？干无线电多长时间了？"库帕坦率地说："乔治先生，我是今年刚毕业的大学生，还从没干过无线电工作，但是我很喜欢这项工作。"

乔治再次粗暴地打断了库帕："年轻人，我看你还是请出去吧，我不想再见到你了，也请你别再耽误我的时间。"

原本诚惶诚恐忐忑不安的库帕，这时心情倒平静了下来，他不慌不忙地说："乔治先生，我知道您现在正在忙什么，您在研究无线移动电话是吗？也许我能够帮上您的忙呢。"

虽然对库帕能够猜出自己正在研究的项目而感到惊讶，但乔治还是觉得面前的这个年轻人太幼稚，还不足以为自己所用，所以他坚决地下了逐客令。最后，库帕说："乔治先生，终有一天，您会正眼看我的。"不久，库帕在摩托罗拉公司谋到了一份工作。

1973年的一天，一名男子站在纽约街头，掏出一个约有两块砖头大的无线电话，引得过路人纷纷驻足许目。这个人就是手机的发明者马丁·库帕。当时，库帕是美国摩托罗拉公司的工程技术人员，库帕说："乔治，我现在正在用一部便携式无线电话跟您通话。"

乔治怎么也想不到，当年被自己拒之门外的年轻人真的在自己之前研制出了无线移动电话——手机。现在，手机已成为人们日常生活中不可缺少的通信工具，而马丁·库帕的大名也被人们所熟知。有记者采访马丁·库帕时问："如果当时您被乔治收留，您肯定会协助乔治完成手机的研制，而这一功劳也肯定会是乔治的，是不是？"马丁·库帕回答说："不，如果当时乔治收留了我，我成了乔治的助手，我们也许永远也研制不出现在的手机来，正因为他拒绝了我，掐断了让我想向他学习的念头，所以我才重新开辟出了一条研制手机的道路，并且成功了。那条道路的名字就叫屈辱，我将乔治对我的污辱化成了前进的动力。如果没有这种动力，就是我跟乔治联手也不一定能完成这项研制工作。"

当你跌落谷底时，别灰心，至少接下来你每跨出的一步都是向上的。当处于人生的低谷时，你每一步的选择都是至关重要的。有的人奋起直追，以一种大无畏的勇气与逆境搏斗；有的人从此放弃，沮丧颓废。挫折只是一场"雷阵雨"，昂起头闯过去，便会有最美的彩虹出现，这样的人生即使有无数次的低谷，最终还是会走向成功。

人生好比一口大锅

许多时候，只有当一个人跌到了人生的谷底，远离了欲望喧嚣，才能彻底看清自己，知道自己要走什么路。而一个人知道了自己要走什么路的时候，他就更加容易成功。挫折是一种转换，也是另一个机会。

他出生的时候，恰逢抗战胜利，欣喜之下，就给他取名凌解放，谐音"临解放"，祖国早日解放。几年后，终于盼来全国解放，但是凌解放却让父亲和老师们伤透了脑筋。他的学习成绩实在太糟糕，从小学到中学都留过级，一路跌跌撞撞，直到21岁才勉强高中毕业。

高中毕业后，凌解放参军入伍，在山西大同当了一名工程兵。那时，他每天都要沉到数百米的井下去挖煤，脚上穿着长筒水靴，头上戴着矿工帽、矿灯，腰里再系一根绳子，在齐膝的黑水中摸爬滚打。听到脚下的黑水哗哗作响，抬头不见天日，他忽然感到一种前所未有的悲凉，自己已走到了人生的谷底。

就这样过一辈子，他心有不甘。每天从矿井出来后，他就一头扎进了团部图书馆，什么书都读，甚至连《辞海》都从头到尾啃了一遍。其实，他心里既没有明确的方向，也没有远大的目标，只知道，如果自己再不努力，这辈子就完了。以当时的条件，除了读书，他实在找不出更好的办法来改变自己。

书越看越多，渐渐地，他对古文产生了浓厚兴趣。在部队驻地附近，有一些破庙残碑，他就利用业余时间，用铅笔把碑文拓下来，然后带回来潜心钻研。这些碑文晦涩难懂，书本上找不到，既无标点也没有注释，全靠自己用心琢磨。吃透了无数碑文之后，不知不觉中，他的古文水平已经突飞猛进，再回过头去读《古文观止》等古籍时，就非常容易。当他从部队退伍时，差不多也把团部图书馆的书读完了。就连他自己也没想到，正是这种漫无目的的自学，为自己日后的事业打下了坚实基础。

转业到地方工作后，他又开始研究《红楼梦》，由于基本功扎实，见解独到，很快被吸收为全国红学会会员。1982年，他受邀参加了一次"红学"研讨会，专家学者们从《红楼梦》谈到曹雪芹，又谈到他的祖父曹寅，再联想起康熙皇帝，随即有人感叹，关于康熙皇帝的文学作品，国内至今仍是空白。言谈中，众人无不遗憾。说者无心，听者有意，他心里忽然冒出一个念头，决心写一部历史小说。

这时候，他在部队打下的扎实的古文功底，终于派上了大用场，在研究第一手史料时，他几乎没费吹灰之力。盛夏酷暑，他把毛巾缠在手臂上，双脚泡在水桶里，既防蚊子又能降温，左手拿蒲扇，右手执笔，拼了命地写作。几乎是水到渠成，1986年，他以笔名"二月河"出版了第一部长篇历史小说——《康熙大帝》。从此，他满腔的创作热情，就像迎春的二月河，激情澎湃，奔流不息。他的人生开始解冻。

毫无疑问，如果没有在部队的自学经历，就没有后来名满天下的二月河。他在21岁时跌入了人生最低谷，又在不惑之年步入巅峰，从超龄留级生到著名作家，其间的机缘转折，似乎有些误打误撞。但二月河不这么理解，他说："人生好比一口大锅，当你走到了锅底时，只要你肯努力，无论朝哪个方向，都是向上的。"

人生处于谷底时，无论朝哪个方向走，都是向上的。最困难的时刻也许就是一个转折点，改变一下思维方式就可能迎来转机。一个乐观豁达的人，能把平凡的生活变得富有情趣，能把苦难的日子变得甜美珍贵，能把烦琐的事情变得简单可行。以平常心看世界，花开花谢都是风景。

这就是我的 A

生活中并非事事顺心，工作上也不会处处如意。当你对一件事情绞尽脑汁、费尽心机仍无法解决时，是否想到了调整一下思路，换个方向呢？

当我看到中学英语老师退给我的作文时，泪水刺痛了我的双眼。文章顶头潦草地写着一个大大的F，纸上空白的地方满是红笔字，写的是：懒惰。如果你不更加努力，你永远都不会成功。

努力有什么用？我绝望了。我笨！我一直努力想跟上班里的其他同学。一年级的时候，字母在我眼里就像波浪形的曲线。班上同学叫我笨蛋，我的脸羞得直发烧。

"班上只有我连字母都不认得！"我对妈妈哭诉道。"我会帮助你的。"她答应我。

我每天和她坐在一起学习，但是对我来说，cat看上去就像cta，而red就像reb。我感到灰心丧气，就回到自己的房间画画，在纸上画满了房子、餐馆和办公室。

"我长大了以后要开自己的商店，"我指着画对妈妈说。"太好了！"她说，"但是你得先学会阅读。"

三年级时，我被诊断出患有诵读困难症——一种使大脑不能辨认书面符号的病。我就读的学校没有适合我的特殊课程，于是妈妈就带我到一个学习中心去接受阅读训练。但我学习还是很吃力。中学时，我因为学习实在跟不上而感到非常尴尬，当全班同学轮流朗读时，我通常要求免读。试卷发下来的时候，我总是反过面来放，这样谁也看不见那上面的评语：要更加努力。

可我是在努力呀！我想。我就是个失败者吧！

但不知怎的，我还是勉强学了下来。毕业的时候我父母亲高兴得不行，而我却很害怕。现在怎么办呢？我不知道。我阅读不好。不能做办公室的工作。求职当服务员的时候，我都没敢填申请表。我连hamburger这个词都不会拼！我惊慌失措。

"我永远都找不到工作！"事后我向妈妈哭诉。"别只想自己不能做的事，"她安慰我说，"想想你能做什么。"

但是我能做什么呢？我不知道。突然，我想起小时候画的画，以及我拥有自己商店的梦想。我想，卖东西不需要阅读吧。"多好的主意啊！"妈妈说。她一直想自己做点兼职的生意，给高尔夫俱乐部的人提供午餐。"我来准备饭，你可以去卖！"她建议说。

我感到很兴奋。第二天，我们的三明治1个小时就卖光了，我欢欣鼓舞。我太喜欢销售了，于是，后来几年我又做了些别的生意。22岁时，我看见一个商店代销二手花式家具，我并不擅长装饰，但这事却拨动了我的心弦。

我想，大家都需要家具，而且许多人都想买便宜货。于是开一家我自己的二手家具店的想法在我脑子里盘旋，我向祖母借了2000美元，租了一家小店。在随后的几个星期，我粉刷屋子，将家具搬了进去。在妈妈的帮助下，我写了广告，还给商店画了个招牌。

我知道，事情真要成功了！然而，就在我将营业的牌子挂上窗户的时候，过去对自己的怀疑一下子涌上心头。我想，我糊弄谁呀？我没有商学学位……我不能像别人那样阅读……我只不过是个失败者！

但我又想，如果我连试都不试一下的话，我永远也不会知道自己能不能成功。那天下午，一位女士走进了我的商店。这是我的第一位顾客！我两手直发抖。我该做些什么呢?

"我真喜欢你的这家店。"她一边随意观看着一边说。

我骄傲得忘记了紧张,开始领着她参观起来。她买了东西——1个价值25美元的镜子之后,我感叹道:这么容易啊!在经历了多年的挫折之后,我终于知道自己擅长什么了。

渐渐地,我的生意越做越好,很快我就将钱还给了祖母。"我为你骄傲。"她满脸笑容。

但是谁也不像我那样为自己感到如此的骄傲。

实现了一个梦想,就意味着打开了无数个可能成功的大门。

不久后我搬到了一个大些的店铺,又过了几年,我开了一家分店,然后又是一家。

随着一级一级的台阶往上走,我的自信心也越来越强。我也许在阅读书面文字时需要帮助,但我发现自己有很强的商业意识。我能知道一家商店应该是什么样子,广告应该说些什么。我还能一眼看出什么家具是优质的。

"你怎么知道该做什么?"有人曾经问道。

我微笑着回答说:"我们大家都有各自的才能,而我的才能就是销售。"

如今,我管理着七家分店,五家特许经销店,我们有187名雇员,销售额达1500万美元。我仍然在不断努力提高阅读能力,而且绝不放弃把力所能及之事做到最好。不过我的努力让我认识到,我们大家不可能都擅长同一样东西。虽然我永远不可能达到我老师的期望,但根据我自己的条件,我成功了。

这就是我参加国际诵读困难联合会工作的原因。我到学校去告诉孩子们,不管他们面临着怎样的挑战,他们仍然可以追求自己的梦想。

有一天,一个学生送给我一张卡片,上面写着:亲爱的特里,你让我充满了信心,我希望长大后能像你一样。

喜悦的泪水充满了我的双眼。我笑了，这就是我的A。

在我们的生活中，随帮唱影、随声附和、随波逐流的人与事太多太多了。或是自己不愿去独立思考，习惯了跟在别人后面，虽无建树，但也无大错。如果我们总是跟在别人身后跑，我们将永远是追随者。如果换一个角度，结合自身的实际，挖掘自己的优势，创出自己的特色，那么，你就是第一。

肖申克的救赎

《肖申克的救赎》是一部1994年在美国上映的电影，讲述了一个被冤枉的囚犯靠着一把石锤挖了二十年的隧道，最终收获自由的故事。

"肖申克"即"鲨堡监狱"，这个监狱，是座人间炼狱，那里狱卒残暴、狱霸横行，特别是它对人精神的磨蚀尤为可怕：在漫漫无期的禁锢中消磨生命，似乎只有放弃全部希望、变成行尸走肉才能生存下来。

但是，在狱中服无期徒刑的安迪不同意这些，他像是用一件无形的护身罩护住自己，心中永远有一个希望。导演达拉邦特透过监狱这一强制剥夺自由，高度强调纪律的特殊背景，展现了作为个体的人对"时间流逝、环境改造"的恐惧。面对恐惧，人该如何选择，片中的安迪无疑给出了最明确的答案。

怯懦囚禁人的灵魂，希望才可感受自由。强者自救，圣者渡人。自由是什么？自由就是能在阳光下悠闲自在地呼吸。对于我们而言，它就像空气，平常得让你根本不去想失去它会怎样。

但是对于那些高墙内的囚徒，尤其是那些一辈子都要待在那里的人们自由又是多么珍贵而又遥不可及。安迪最后逃出了鲨堡监狱。是什么实现了他对自己的救赎？是他心中对自由的渴望，是希望的存在！

在戏剧里，一个人被打得越狠，被踩得越低，被欺压得越万劫不复，他的报复就越让人痛快，戏剧性就越强，也最容易引起观众的认同。安迪在几乎不可能站起来的地方站起来，在几乎不可能活过来的地方活过来，从烂泥里站起来,从阴沟里钻出来,从坟墓里爬出来,这种生命力已超越了人本身,是神的光芒。大雨冲刷着他的身体,荡涤着他的灵魂。他用地狱的眼光看着曾经真真切切发生在周围的一切,他用雷一样的声音怒吼:"归还的时刻到了!"

我深深地被安迪对自由一刻不息的渴望震撼了,当他从下水道逃向外面的世界时,当他迎着暴雨和闪电怒吼时,我的心也随着他一同律动着,安迪所获得的身体和心灵上的自由让我觉得痛快极了。

电影没有给我们充满必然的悲剧结局,安迪没有被命运毁掉,他获得了一个完满的结局。他重获自由,惩罚了监狱长等恶人,还与老友瑞得在海边重逢。虽然知道这情景是梦,好莱坞制造的梦,但我们仍然感激这梦,因为它实在是太美好了。回想一下这部影片,虽然讲了那么多残酷的事,但留在我们脑海中的竟然都是美好的记忆。比如安迪冒死向看守队长进言,为狱友们赢得了一箱啤酒,大家在阳光下畅饮的情景;比如安迪不顾一切进入监狱长办公室为大家播放《费加罗的婚礼》的场面:你从来没有觉得自由的阳光是如此灿烂,莫扎特的音乐是如此美妙。那些平日里最粗劣最愚昧的人在这一瞬间都变得高尚美丽、容光焕发……这时你就明白了,为什么人类在经历了那样多的苦难与沉沦之后,还能生存:因为美好永在,希望永在。

肖申克的救赎,一次浩大的赎罪,被救赎的又岂是安迪一人呢?我们,也是被救赎者,看过了此片,还有什么理由唉声叹气,还有什么理由去抱怨,去厌恶生活呢?一切都是美好的,因为信念的力量是无穷的。

关于人生,《肖申克的救赎》给了我们一个经典的演绎!

《肖申克的救赎》这部电影透过监狱这一强制剥夺自由、高度强调纪律的特殊背景来展现作为个体的人对"时间流逝、环境改造"的恐惧,从而突出了在任何时候都不能放弃希望的主题。希望,是一种微妙的东西,虚无而真实的存在,微弱但却温暖,也许照亮不了前面的路,但却能温暖人的一段路程。但是有温暖已经足够,至少它给我们向前的勇气。

从废墟中发掘金矿

同样一只拇指，仅仅变换了位置，向上位移一厘米，转换一个姿势，就赢得了50万美元！这在许多人看来，未免也太投机取巧了，然而，你可曾想过这样短短一厘米的背后，境界要差多少呢？

一家啤酒公司发布消息，面向各大策划公司诚征宣传海报，开价50万美元。消息一出，国内许多策划公司趋之若鹜，不到半个月，啤酒公司就收集了上千幅广告作品，但是，这些作品大都不尽如人意。最终，分管宣传的负责人只得从上千幅作品中选择了一件较为满意的作品。

这幅作品的大致内容是这样的：一只啤酒瓶的上半身，瓶内啤酒汹涌，在瓶颈处，紧握着一只手，拇指朝上，正欲顶起啤酒瓶的瓶盖。这幅海报的广告标语是："忍不住的诱惑！"

可是这幅作品交给啤酒公司的老总定夺时，老总仅仅看了两秒钟就否决了，理由是，这种创意略显生硬，并且用拇指开酒瓶的做法十分危险，若是用这种广告，因开酒而导致拇指受伤者肯定会大幅增加，如若那样，势必会有许多消费者来起诉我们，那会得不偿失。

这无疑是个完美的拒绝。既说出了拒绝原因，又彰显了啤酒公司对消费者无微不至的关怀。

看到这家啤酒公司的老总如此挑剔，许多策划公司纷纷望而却步。这时候，一个艺术系的学生却胸有成竹地拨通了该啤酒公司的电话，他打算试一试。啤酒公司的老总同意了他的要求，两天后，这位学生拿着自己的作品走进啤酒公司老总的办公室。

也同样是两秒钟左右，啤酒公司的老总从自己的座位上站了起来，激动地说："年轻人，太棒了，这才是我想要的！"这位艺术系的学生如愿以偿地得到了50万美元酬劳。

第二天，啤酒公司的海报铺天盖地地见诸各大平面媒体。想知道这幅海报的内容吗？其实很简单：一只啤酒瓶的上半身，在瓶颈处，紧握着一只手，瓶内啤酒汹涌，几乎要冲破瓶盖冒出来，这时候，瓶颈处紧握的那只手用拇指紧紧地压住瓶盖，尽管这样，啤酒还是如汩汩清泉溢了出来。这幅海报的广告标语是："××啤酒，精彩按捺不住！"

同样一只拇指，仅仅变换了位置，向上位移一厘米，转换一个姿势，就赢得了50万美元！这在许多人看来，未免也太投机取巧了，然而，你可曾想过这样短短一厘米的背后，境界的差距有多远呢？

其实，一个真正富有创意的人，就是能从废墟中发掘金矿的人！

一个真正富有创意的人，就是善于从平凡的生活中寻找闪光点，善于发现别人未发现的美。反观当今，很多人做所谓的"创意"，都是抄来抄去，借鉴来借鉴去，因为没人愿意真的静下心来做创意，甚至你真的想静下心来做那些高出一个层次的创意来，反倒是错过了所谓的时机。

寻找那扇打开着的门

犹太人有句名言，叫作"没有卖不出去的豆子"。卖豆子如果没有卖出，就把它做成豆芽卖；如果豆芽卖不动，那么干脆让它长大些，卖豆苗；而豆苗如果卖不动，就把它做成盆景卖；如果盆景卖不出去，就把它移植到泥土里，让它结出豆子。

有一个村子，每家每户都种植甘蔗。

但是从这一年开始，甘蔗卖不动了。卖甘蔗的村民们怨天尤人，表示明年不会再种甘蔗了。

这时，有位20多岁的小伙子觉得这样下去也不是办法，于是就把眼光看向了城里。早几年前就有人到城里去过了，但是甘蔗这东西在城里并不是特别好卖，超市里都嫌甘蔗脏，街边的小贩也不愿意卖甘蔗，因为甘蔗是要刨皮的。

他来到城里之后，找到了水果批发市场，水果批发商的说法和村民们的说法是一样的，甘蔗的销售不好！那天下午，小伙子一个人走得又累又渴，就在公园里坐了下来休息，这时有个做小生意的人捧着一箱切好的西瓜来到这里叫卖，他花两块钱买了一块解渴，在撕去外面包着的那层保鲜膜后，他忽然心想："假如这是个整个的西瓜，我会买吗？"一定不会，因为买来之后首先面临好几个问题：用什么来切，切开后一个人吃得掉吗？扔西瓜皮方便吗？而这一小块切好的西瓜，就将那些后顾之忧全都省掉了！把所有让买卖双方都觉得不舒服的因素都去掉！

他忽然间意识到这一点，灵感顿时上来了：如果将甘蔗刨皮后再用真空保鲜袋装起来，那无论是卖的人还是买的人都不会嫌脏了！他忽然触一及百地想到了很多：将甘蔗去皮后砍成一截截，用真空袋子包装起来，分为即食装和礼品装两种，另外在礼品装中再分出一种存放期更长的甘蔗：把甘蔗砍成一截一截却不刨皮，在甘蔗的两端切口包上保鲜膜装进礼品盒中，这样一来就把甘蔗的档次给提高了，而且卖的人不会嫌脏买的人拿起来也方便，送人也体面了许多。

半个月之后，他的甘蔗几乎遍布了城里的大街小巷，而他的加工作坊也到了供不应求的地步，就连外地的客商也纷纷来订货。这时，镇上的一家企业主动找上门来与他合作，把规模扩大了起来，订单一张张地接踵而至，原本无人问津的甘蔗顿时成了市场上的抢手货！

这是前不久发生在浙江一个农村里的真实故事！有句话是这样说的："当上帝为你关上一扇门的时候，总会在别处为你打开另一扇门！"

对于我们来说，假如上帝真的为我们关上了一扇门，千万不要把自己也关在里面。因为世界上不止一扇门，一定还有另一扇门，你要做的就是去寻找并打开这扇门。如果我们死死地盯着那扇已经关闭的门发呆，是没有任何意义的，最主要的就是去寻找到另外那扇打开着的门！

你能做到任何事情

你的第一笔钱是怎么样挣到的？是搜刮了家里所有的废纸，然后卖给废品回收站？还是给别人拍摄了一套美丽的照片？还是坐在电脑前，冥思苦想写下来一篇精彩绝伦的文章？你不知道，有人的第一笔钱是卖石头挣的！

2013年秋天的一个星期六的下午，我急匆匆地回到家，准备把我们家院子里的一些必须得做的工作处理掉。当我正在打扫院子里的落叶时，我那5岁的儿子尼克走过来，拉了拉我的裤腿，"爸爸，我需要你帮我写一个牌子。"他说。

"现在不行，尼克，我正忙着呢。"我这样回答。

"可是，我需要一个牌子。"他坚持地说。

"干什么用的牌子，尼克？"我问。

"我打算把我的一些石头卖掉。"他回答。

尼克一直对石头很着迷。他自己从各处收集了许多，此外，别人也送给他一些。在我们的车库里放着满满一篮子的石头。他定期为它们清洗、分类和重新堆放。它们是他的珍宝。"我现在没有时间，尼克。我必须得把这些树叶打扫掉。"我说。"去找你的妈妈，让她帮助你。"

过了一会儿，尼克拿着一张纸回来了。在那张纸上，他用他那5岁孩子的笔迹写道："今日出售，1美元。"他的妈妈帮他写好了牌子，他现在开始做生意了。他拿着他的牌子、一只小篮子和四块最好的石头向我们的车道尽头走去。在那里，他把石头一字儿排开，把篮子放在它们的后面，自己则在地上坐下来。我从远处注视着他，对他的决心觉得很有趣。

大约过了半个小时，没有一个人从那里经过。我走过车道来到他面前，想看看他正在做什么。"怎么样，尼克？"我问。

"很好。"他回答。

"这个篮子是做什么用的？"我问。

"放钱的。"他一本正经地回答。

"你为你的石头定价多少？"

"每块一美元。"尼克说。

"尼克，没有人会愿意出一美元买一块石头的。"

"不，有人愿意的！"

"尼克，我们这条街道一点也不繁华，没有什么人会从这里经过看见你的石头。你为什么不把这些东西收起来，去玩一会儿呢？"

"不，有许多人从这里经过，爸爸。"他说，"人们在我们这条街道上散步，骑自行车锻炼，还有人开着他们的汽车到这里来看房子。这里有很多人。"

既然不能说服尼克放弃他的这个努力，我就回去继续整理院子。他一直耐心地坚守着自己的岗位。又过了一小会儿，一辆小型货车沿着街道驶过来。当尼克精神抖擞地把他的牌子举起来使它正对着那辆小型货车的时候，我凝神注意观察着。当那辆小型货车从尼克面前慢慢经过的时候，我看见一对年轻夫妇正伸着脖子在看尼克的牌子上的字。他们继续沿着这条死胡同向前开去，不大一会儿，他们原路折回来了。当他们再次从尼克身边经过的时候，车上的女士摇下了玻璃窗。我听不见他们的谈话，但我看到她转过头对那个开车的男人说了些什么，然后我看见他伸手去拿他的皮夹！我看到他递给她一美元。她下了车，走到尼克面前。在对那些石头做了一番仔细地观察比较之后，她选中了其中的一块，递给尼克一美元，然后开着车离开了。

我坐在院子里，看着尼克向我跑过来。我当时真的是被惊呆了。他手里挥舞着那张一美元的钞票，嘴里大声嚷着，"我告诉过你我能把我的石头卖一美元一块吧——如果你对自己有充分的信心，你就能做到任何事情！"我走进屋子，拿出我的照相机，为尼克和他的牌子拍了一张照片。这个小家伙对自己有坚定的信心，并且乐于向我证明他能够做得到。这在如何抚养孩子方面是一个很有意义的教训，而我们也都从中获得了很大的教益，直到现在，我们还经常会谈论这件事。

那天晚上，我、尼克和我的妻子汤米一起出去吃晚餐。在去餐厅的路上，尼克问我们他是否能够得到零用钱。他的妈妈向他解释说零用钱必须得靠自己去挣得。我们认为这能够培养他的责任感。"那没什么。"尼克说，"我能得到多少钱？"

"对于一个5岁的孩子，每星期一美元怎么样？"汤米说。

我听到尼克的声音从后面座位上传过来，"每星期一美元——我只要卖一块石头就能得到那么多钱了！"

人生没有平坦的路，总会遇到困难和挫折，如果你不相信自己，就会一味地躲避困难。接着，事后就会后悔——那有什么可怕的，当初为什么不自信一点，勇敢一点呢？事实上，这个世界上没有过不去的坎，没有不能解决的问题，当然，前提是我们有信心去面对这些问题。

不害怕，不后悔

当我们年轻的时候，我们可以做我们想做的事情，大胆开拓我们的未来——不要怕；等我们事业有成时，我们不要为我们的过去所没有完成的而感到后悔——不后悔；这样我们会有一个快乐的人生！

有一个年轻人，住在一个平凡的村庄，平凡得不能再平凡的村庄。人嘛，大多都不甘于平凡。真正能执着于平凡的人都是伟人，很多人都不是，都执着追求不平凡。小青（故事的主人公："年轻人"的简称，以下类同）也不例外。他想换个环境，他不愿意就这么平凡地过一辈子，他下定决心要走，要离开这村庄，去外面的世界闯一闯。

但是对未知的新环境的抵触，让他心里有种莫名的胆怯和迷惘。他想道：这个决定有可能改变好多东西，甚至是他的一生！他虽然还年轻，但有老婆、朋友、亲人……

这时候出来一个智者。这是小青他们村庄唯一的一个智者。智者看出来他的犹豫。小青更是希望智者能给他指点迷津。于是智者答应他，送给他两句话。

在送小青走的时候，智者出现了。第一句话是小青走的时候给他的，三个字——不害怕！

小青带着这三个字离开了村庄。小青在外面闯荡多年，他有过成功，也有过失意，他不知道他的努力和选择是对还是错，毕竟他离开了他的亲人和朋友，甚至抛弃了一些现在再也无法追求到的东西……他再次迷惘了，于是他想起了智者。

他回到村庄，可是他归来的时候智者已经死了。他带着更迷惘的心情到了智者的坟墓前。把自己这些年的经历在智者坟前都说了一遍，有失意的眼泪，也有成功的欢笑。这时候智者坟前出现另外一位年轻人，他是智者的后人。

原来智者死的时候并没忘记送给小青的第二句话。通过智者的后人小青得到了智者当初答应给他的第二句话，

也是三个字：不后悔！

过去的事，不后悔；将来的事，不害怕。对于那些已经发生的事，要坦然接受，无论它对你产生的不利影响有多大，它都已经发生了。对于那些尚未发生的事，要勇于面对，无论你把它想象得多么艰难可怕，它都还没有发生。我们控制不了天气，但是我们可以掌控自己的心情，否则，又如何去掌控人生。

欣赏每一点进步

在生活中，我们常会不自觉地给自己戴上望远镜，盯着时隐时现的地方，制定着长期发展的宏伟目标。这使我们只看到很远的地方，而看不到眼前的景色。这就使我们拼命地追赶，却总也达不到目标，甚至好高骛远。

英国有一位年轻的医科毕业生威廉·奥斯勒爵士，他的成绩并不差，但临毕业时却整天愁云满面。如何才能通过毕业考试，毕业后要到哪里去找工作，工作如果不称心怎么办，怎样才能维持生活……这些问题像蛛丝一样缠绕着他，使他充满了忧虑。

有一天，他在书上读到一句话：不要去看远处模糊的东西，而要动手做眼前清楚的事情。看到这句话后，他彻底改变了自己的人生，脱离了那种虚无缥缈的苦海，脚踏实地地开始了创业历程。最后，他成为英国著名的医学家，创建了举世闻名的约翰·霍普金斯医学院，还被牛津大学聘为客座教授。

威廉·奥斯勒爵士开始的那种心境也许我们大家都经历过。在生活中，我们常会不自觉地给自己戴上望远镜，盯着时隐时现的地方，制定长期发展的宏伟目标。我们常常看到很远的地方，却看不到眼前的景色；我们拼命地追赶，但在望远镜里看到的永远是下一个目标。我们感到沮丧，感到理想离自己越来越远，感叹人生非常艰难。当有一天有所感觉，摘下强加给自己的望远镜，才发现每一个被自己忽视过的地方都阳光明媚、鸟语花香。

有一个美国年轻人，小时卖过报纸，做过杂货店伙计，还当过图书馆管理员，日子过得很紧。几年后，他下定决心，用50美元开创出一片基业来。一年后，他果真有了几万美元。但当他雄心勃勃准备大干一场时，存钱的那家银行破产倒闭，他也随之一贫如洗，还欠了两万美元的外债。万念俱灰的他，得了一种怪病，全身溃烂，医生说只有3周的时间可以存活。绝望的他写了遗嘱，准备一死了之。

就在这时，他突然看到一句话，幡然醒悟。他抛开忧虑和恐惧，安心休养，身体慢慢得到恢复。几年后，他成了一家大公司的董事长，开始雄霸纽约股票市场。他，就是大名鼎鼎的爱德华·伊文斯。他看到的那句话是：生命就在你的生活里，就在今天的每时每刻中。

其实，两个人看到的两句话，我们可以概括成一句：生命只在今天，不要为明天忧虑。最主要的是欣赏自己眼前的每一点进步，享受每一天的阳光。

我们不停地努力着，却永远也赶不上前面的风景。为此，我们感到沮丧，感到理想离自己越来越远，感叹人生非常艰难。当你放慢脚步，不再拼命地去追赶的时候，才发现自己忽视过的地方也是阳光明媚，鸟语花香。请记住，欣赏自己眼前的每一点进步，享受每一天的阳光。

思考带来的无限可能

《哈姆莱特》那段著名的"生存还是毁灭"中，还有一句也很有意思——是重重的顾虑使我们都变成了懦夫。抛下顾虑，放空头脑，轻装简行，思考人生，朝着光亮的地方前进。

我们在上学的时候就开始思考要走什么样的人生道路，从事什么样的职业了。如何思考，思考什么，一直伴随着我们职场所有的成功与坎坷。

通用电气的前CEO韦尔奇先生，出了一本《赢》后，又印了一本《赢的答案》，里面有许多关于职场设计的篇幅。

有位捷克的学生问，我17岁，要上大学，将来要从事商业活动，我是不是应该学习葡萄牙语。英明的韦尔奇先生与世界上所有英明的企业家一样，语重心长地说：学习葡萄牙语肯定对你有帮助，但是你真的应该学习汉语，因为等你毕业的时候，中国很可能成为世界第二大经济体。

语言只是一种手段，韦尔奇先生真正的建议是，不管你学什么专业，从事什么职业，你都要走一条"展露你的才华，释放你的热情，感动你的灵魂"的路。这三点中做到一点还算不太难，要三点都做到，恐怕只有像韦尔奇先生这样的超人才行。

有人问戴尔电脑的创始人迈克尔·戴尔，如果让你倒退回1984年，你还会再次做出当年的创业选择吗？戴尔说："肯定不是做计算机组装业务"。戴尔先生比较实在，要是中国的老总们，为了股市也肯定会说"我们的行业仍然处在最好的时期"。

对于创业和职场发展来说,最难的就是预测将来,但是最现实的就是干起来再说,干一段时间后,你再看这份工作能不能"展露你的才华,释放你的热情,感动你的灵魂",应该再加上一个"满足你的物质需求"——挣足够的钱。

其实有时问题并不复杂,简单的标准就是,你想不想去上这个班。现在企业家也好,公司老板也好,你不用吹你的企业文化多么伟大,得到了多少企业公民奖,你就是让人问问手下的员工,每天早晨起来想不想去上班就行了。

当然人为了实现目标,往往做一些自己不喜欢的事情。那么在一份工作、几份工作做起来之后,我们就要思考,到底适合不适合我,要不要再做下去。

分众传媒的江南春先生,当年在创造这个家业之前,曾用了整整一个春节思考,用他的话说就是发呆,在上海绍兴路的汉源书店,一坐就是7天,什么都想,什么都不想。思考如果超过了一定的时段,就可定义为发呆,你在一个地方不动窝待8个小时,就是发呆。

但是江南春先生的发呆,其实是思考之上的一种冥思,是思考的更高境界,且不脱离现实。人家就想,我苦苦做这么一个广告公司,挣了一千万,两千万,又怎么样,下一步怎么办。应该有一个新的模式,新的冒险。于是就有了分众传媒,于是全国人民就开始在电梯里和各种生活的角落遭到广告的轰炸,纳斯达克又成就了一个新的中国传奇。

可是你去看看我们生活中大多数人的职场转折,一般都是回到原地。你对工作不满了,跟老板吵架了,想明天就辞职,但是家人劝朋友劝,说你工作多让人羡慕呀,你老板确实很变态但其实本质还不错,你辞了这份工到哪里去找这般收入好上班离家又近的活儿呀。

所以,你真的要转折,真的要思考,你就得像江南春先生那样发呆去。排除干扰,好好发呆,然后一举杀出山去。

当然，思考达到了发呆，发呆以后做出重大决定，实现职业转移，仍然不是最高的境界，最高的境界是无所思，无所求。

这个问题我研究了多年，在我开始怀疑是否自己游离于非现实的幻境，生活中忽然出现了真实证据。

我的大学学长老傅，职场经历风雨无数，现在是上海某大型企业副总。老傅去年开创一项活动——西湖走路。每个月的一个周末，老傅乘早上7：45的动车组从上海至杭州，从火车站出发步行前往西湖，沿湖西行，经灵隐，访龙井，过虎跑，再回湖边南山路，一路走回火车站，时长八小时，中午仅在杨公堤进简餐，严冬、春天、39℃的酷暑，老傅一次次走过来，偶有走伴，但陪走一次后都坚辞不再，老傅仍乐此不疲地坚持，也不断有支持和崇拜者通过老傅的博客在网上和网下声援。

我们都知道万科的王石先生爱登山，好利来蛋糕的罗红先生情迷非洲动物，但像老傅这样的高级商务人士自我涂炭却不多见。同学聚会的时候大家七嘴八舌地提问：

"老傅，没有一个红颜知己一直跟你走下去？"

"你一路走一路想什么？"

老傅笑而不答。在我看来，老傅是受制于思考的负担，不得不将过于沉重的思想通过物理消耗的形式予以挥发，并形成新的思考空间。

梵·高说："我越是理智分裂，越是虚弱，就越能进入一种艺术的境界。"

天才是如此，天才的意境也是如此，你越是接近癫狂和匪夷所思，你往往就越接近思考的真谛。当然，在老傅西湖暴走的事实后面，其实还隐藏着一种职场也好人生也好，那令我们激动和追求的东西——无限的可能。

试金石

挫折是良师更是益友，对于一个绝不放弃的人，它是人生的财富，是上天给予的特别的恩赐。所谓"天将降大任于斯人也，必先苦其心志，劳其筋骨，饿其体肤，空乏其身，行拂乱其所为，然后动心忍性，增益其所不能"说的正是这个道理。

1914年12月的一天深夜，大发明家爱迪生的工作设备被一场大火烧毁，损失了近百万美元和绝大部分难以用金钱计算的工作纪录。第二日早晨，他在埋藏着他多年劳动成果的灰烬旁散步，没有沮丧更没有绝望，而是幽默地对他的助手们说："挫折有挫折的价值，我们的错误全部烧掉了，我们可以重新开始了。"面对挫折，有如此胸襟和气概，又怎么可能没有事业上的辉煌？

曾读过这样一则故事：草地上有一个蛹，被一个小孩发现并带回了家。过了几天，蛹上出现了一道小裂缝，里面的蝴蝶挣扎了好长时间，身子似乎被卡住了，一直出不来。天真的孩子看到蛹中的蝴蝶痛苦挣扎的样子十分不忍。于是，他拿起剪刀，把蛹壳剪开，帮助蝴蝶脱蛹出来。然而，由于这只蝴蝶没有经过破蛹前必须经过的痛苦挣扎，以致出壳后身躯臃肿，翅膀干瘪，根本飞不起来，不久就死了。自然，这只蝴蝶的欢乐也就随着它的死亡而永远地消失了。从这个故事我们可以窥视到，要得到生命的欢乐就必须能够承受痛苦和挫折，痛苦和挫折是生命成长过程中必不可少的磨砺。

  人的一生，遇到挫折在所难免，没有经历过挫折的人生是不完整的。如果说生命是一把披荆斩棘的"刀"，那么，挫折就是一块不可缺少的"砺石"，要使人生之"刃"更加锋利，就必须经得起挫折这块"砺石"的打磨。有这么一个年轻人，高中毕业后，因无一技之长，只好到一家公司担任送货员。一天，他将一整车四五十捆的书，送到某大学七楼办公室，当他扛着两三捆书在电梯口等候时，一位保安走过来说："这电梯是给教授、老师搭乘的，其他人一律不得使用，你必须走楼梯！"年轻人向保安解释："我不是学生，我要送一整车书到七楼办公室，是你们学校订的书！"可是保安丝毫不为所动，一脸冰霜地说："不行就是不行，你不是教授，不是老师，就是不准搭电梯！"两人在电梯口吵了半天，但保安就是固执不通融，年轻人心想，这一车书，要搬完，需走七层楼梯来回二十多趟，非累死人不可！他心一横，把四五十捆书搬放在大厅角落，便回到了公司，尽管公司老板很谅解，但他还是辞职了。他立刻到书店买下了整套高中教材和参考书，含泪发誓，一定要考上大学，不让别人瞧不起！就这样，他花了整整一年的时间，天天闭门苦读十六个小时以上，每当有懈怠情绪时，他就会想起被保安羞辱、歧视的一幕，从而加倍努力。因为不懈的努力，他顺利考取了一所名牌大学，毕业后获取了一份很好的工作。

  从年轻人身上我们看到，如果没有挫折的考验，就难以造就他不屈的人格。挫折是良师更是益友，对于一个绝不放弃的人，它是人生的财富，是上天所能给予的特别的恩赐。所谓"天将降大任于斯人也，必先苦其心志，劳其筋骨，饿其体肤，空乏其身，行拂乱其所为，增益其所不能"。阐明的就是这个道理。当然，一个经不起挫折的人，要么会陷入无穷尽的痛苦之中，要么会变得意志消沉、麻木不仁。怪不得有人说，挫折和不幸，是"天才的晋身之阶；信徒的洗礼之水；能人的无价之宝；弱者的无底深渊"了。

由此看来，挫折是一个人心志高低的试金石，如果一个人能够一而再再而三地从挫折中站起来，就注定有不同凡响、让人倾慕的那一天。

　　挫折是人生中最有价值的经历，因为只有这个时候，我们才能真正看清自己，找到努力的方向。对于一个经不起挫折的人，要么会陷入无穷尽的痛苦之中，要么会变得意志消沉、麻木不仁。怪不得有人说，挫折和不幸，是"天才的晋升之阶，信徒的洗礼之水，能人的无价之宝，弱者的无底深渊"。

只能够依靠自己

这个世界，到底有没有天才？当然有！只不过，所谓的天才并非上天注定，而是自己不懈努力得来的。就正如爱迪生名言所说，"天才是百分之一的灵感，百分之九十九的汗水。"

德国哲学家康德在《判断力批判》中说："美的艺术是天才的艺术，它不是一种能按照任何法则来学习的才能。天才这个字可以推测是genius（拉丁文）引申而来的，是一个特异的，在一个人诞生时赋予他守护和指导的神灵。"

康德认为，绘画、音乐、诗歌等艺术跟科学不同。"一切科技是人们能学会的，在研究与思索的道路上按照法规可以达到的，但人不能巧妙地学会作好诗。"

英国艺术史家约翰·伯格说，毕加索就是一个天才。他在会说话之前就会描画。10岁时，他就能画石膏像素描，画得像任何地方的美术老师一样好。

《纽约客》专职作家格拉德威尔则认为，天才不过是做了足够多的练习的人，艺术领域也不例外。他总结出了一个10000小时定律。研究显示，在任何领域取得成功的关键跟天分无关。只是练习的问题，需要练习10000个小时——10年内，每周练习20小时，大概每天3小时。好像大脑需要这么长时间，以吸收达到精通需要知道的东西。

心理学家安德斯·埃里克森20世纪90年代初在柏林音乐学院做过调查，学小提琴的大约都从5岁开始练习。起初每个人都是每周练习两三个小时。但从8岁起，那些最优秀的学生练习时间最长，9岁时每周6小时，12岁时8小时，14岁时16小时，直到20岁时每周30多小时，共10000小时。莫扎特6岁就开始作曲。

　　但是心理学家麦克尔·豪说，按照成熟的作曲家的标准，莫扎特小时候的作品并不突出。他小时候的作品可能是他父亲记下来并作了改进的。莫扎特童年的很多作品都只是对别的作曲家的作品的重组。他直到21岁才写出堪称伟大的一系列作品，到那时他刚好已经写了10年。

　　"天分不是唯一重要的，更不是最重要的。只要智商超过120，你就跟智商达170的人成功的可能性一样大。"克里斯托弗·迈克尔·兰根的智商高达195（爱因斯坦是150），但他只能在密苏里乡下的一个马场工作。因为他成长的环境：一生中没有人帮他开发他的天分，他只能够依靠自己。

　　天才不是没有，但一个人天分再高，都离不开后天的努力。否则，天才的方仲永就不会"泯然众人矣"。家庭、学校和社会为一个人的成长提供了很好的舞台，但最终的命运还是把握在自己的手中。因此，与其叹息自己没有天资，不如责备自己缺乏志向；羡慕别人的成就，不如不懈地奋斗。

不用急着爬起来

"跌倒了,爬起来再走",当在灾难或困难中跌倒,一直有人这样告诉我们。这固然是对跌倒者的正确鼓励,但是此刻我想说,跌倒了,爬起来,先思考再走,别让自己跌倒在同一个地方。

20世纪80年代初期,凭着一股子闯劲儿,他从乡下来到了城市。他不甘心只做一个打工者,就凑了有限的一点钱,组建了一家规模很小的建筑装修公司。虽然接的都是一些简易工房建筑、家庭装修之类的小单子,但毕竟自己的公司总算有了起色。

几年下来,他的公司规模扩大了不少,资金也变得充足起来。于是,他开始寻求更大的发展,公司第一次接手了一栋办公楼的建筑工程合同。他兴奋不已,没日没夜地带着自己的施工队拼杀在工地上。功夫不负有心人,楼房提前竣工,也为自己赚了一大笔钱,他第一次有了成功的感觉,将自己的家人接到城里并买了房子和车。

90年代初期,他的事业可谓飞黄腾达,他的业务也渐渐多了起来,再也不是什么包工头而成了名副其实的房地产公司经理。

然而随着房地产热的升温,许多大中地产商迅速崛起,一些大公司把触角伸到了这座中小城市。眼看着一个个小区、家园拔地而起,却没有一处是自己的"作品",他颇感沮丧。一次次竞标的失利,使得公司举步维艰,只好不断裁员;再加上一些遗留问题和三角债的困扰,公司几乎到了维持不下去的边缘。

从哪儿跌倒了就从哪儿爬起来！他信奉这句经典名言。他告诫自己：必须立即爬起来，做一个真正的硬汉。于是，他又开始了新一轮搏杀。90年代中期，房地产业的竞争达到了白热化的程度，地皮、材料的价格提高，外加国家对房地产业的监管力度加大，他的公司非但没有起色反而几近破产。虽然，凭着那股子韧劲儿，他一次次地拼命努力着，可最终也没有再爬起来。

好几年，都没了他的消息。当他再次出现在人们视野的时候，已经变成了一个科技开发公司的老总。原来，他"躲"了起来，到一所大学进修了一个专科。他觉得再搏杀下去也无济于事，必须静下心来好好反思一下自己的不足、分析一下现在的形势，光有韧劲是不够的。几年的学习和思考，让他真正看到了自己的知识、能力、视野已经远远落在了别人的后面。一个全新的他真正地重新站了起来，正指挥着手下的博士、硕士们大步地向前迈……

"从哪儿跌倒就从哪儿爬起来""站直了别趴下"——这种精神固然可贵，但如果不明白跌倒的过程是怎么回事，为什么会跌倒，那么即使"站"得再直，也只能是自欺欺人。跌倒了有时不用急着爬起来，忍着痛苦，静静地"趴"在那儿好好地反思、认真地总结；当一个全新的自我重新"站起来"的时候，一定会"走"得更稳，"跌倒"的次数也会更少。

如果一个人行走在雨中，路面非常泥泞，便在途中跌倒了，他爬起来继续前行，可不久又跌倒了。如此几次，一次次地跌倒，一次次地再爬起来。要是你跌倒了100次，你必须要101次地站起来。但人生之中，有时候的跌倒并非要这样，跌倒了，先别着急起来，先分析跌倒的原因，否则你即使站起来，也会再次跌倒。

别把目光盯着朦胧的远方

成功的道理是再简单不过了——谁的心中都可能有许多美好的憧憬，但谁都必须首先把目光凝聚到眼前，凝聚到最真切的现实中。

阿忆博士才学出众，参加工作五年间，接连跳槽十几次，仍没找到一个理想的位置，还在京城身心疲惫地漂泊着。看着昔日大学同窗一个个事业有成，连那些学历和能力远远逊色于自己的高中同学，也有好几位如今都已买了豪宅和宝车，自视甚高的他更是慨叹自己命运不佳，总是得不到机遇的垂青。

那天，一位师长直言不讳地批评他："你的功利心太急切了，应把目光放远一些，先把手头的工作做好。"

阿忆博士却不服气地争辩道："我具备拿高薪的才能，就应该早一点赢得相应的名和利。"

"可是，无论多远的路，都要从脚下开始。"师长一脸的认真。

"这样的道理我也明白，可一到实际生活中，我就无法心平气和地从一点点做起了，我总是不自觉地将眼前的工作，同将来的事业成功与可观的财富紧密联系在一起。但越是急于成功，成功越是迟迟不来，这让我更加苦恼，更没心思做眼前的工作了……"阿忆也意识到自己陷入了一个恶性循环的圈子，却很难跳出来。

"这样吧，我给你介绍一位石刻家，他早已是千万富翁，他的成功或许能给你一些有益的启发。"师长知道阿忆无须更多的大道理。

走进那位著名石刻家的工作室,面对那一件件镂刻精美的艺术品,阿忆不禁赞叹不已。他随手指着一个最小的石刻作品,问石刻家花了多长时间雕成的,石刻家轻描淡写地告诉他——十年。

"啊,十年?"阿忆惊诧地张大嘴巴,感觉那实在太不可思议了。

石刻家没有解释,拿起一块绘好图案的花岗岩,旁若无人地镂刻起来。在那坚硬如钢的石头上运刀如笔,其难度叫人看着吃惊,因为他手上丝毫的颤动,都直接影响着镂刻的最终效果。

石刻家全神贯注地盯着手中的石块,一点点地挪动着刻刀,认真得像一个眼科医生,正在为婴儿做着眼球手术。那会儿,仿佛时间都凝固了。

半个小时后,石刻家开始歇息。阿忆不禁问道:"这个花岗岩石刻能卖多少钱?"

"不知道,也许能卖10块钱,也许能卖10万元。"石刻家很淡然。

"那你在雕刻时,心里想到它能卖多少钱?"阿忆追问道。

"根本没想它能卖多少钱,我的眼睛只能紧紧地盯着手上的石头,只能把全部的心思都投在上面。至于它的最终的商业价值,那就不是我一个人所能决定的了。既然我在做石刻,就必须做好它,这才是最重要的。"石刻家不紧不慢的话语中渗透着玄机。

"哦,我明白了!"阿忆恍然大悟地向石刻家深鞠一躬。

盯紧手上的石头,用智慧和执着去精心镂刻,石刻家才能让普通的石头变成"金块";盯紧手上的织针,让灵感和想象驰骋,绣女才能织出绚丽无比的锦缎;盯紧手上的锄头,一次次地松动泥土,锄去杂草,老农才可能拥有收获的喜悦……

一位只有小学文化的著名作家在接受记者采访时说:"每次创作,无论是几十万字的长篇,还是百字小文,我都十二分地认真,都全身心地投入其中,只想着写好它,从来不去想它最终能否发表,不去想发表后能拿多少稿费等等。倒是这种完全抛却功利的轻松,帮我走向了成功。"这位作家的经验，再次告诉那些志存高远的人们——别把目光老是盯着朦胧的远方，只有先将激情和汗水毫不吝惜地播撒在跋涉的路上，才能赢得心中渴望的辉煌……

这个世界，从来就没有一蹴而就的成功，我们需要的是一如既往的坚持。太急躁、太功利，往往会让我们忘记欣赏路边的风景，以至于忽略身边的人和事。就算现在，你过得不尽如人意，但是没有人会看轻你，因为现在只是你的开始。只要你顶住了眼前的石头，努力拼搏，一切顺其自然，守候心灵之花，你终究会绽放。

第二辑

敞开
你的心灵

擦亮你的眼睛,

敞开你的心灵,

去迎接生命中的每一个机会,

相信你一定会迎来成功的曙光。

敞开你的心灵

如果说天才和常人有什么不同的话,那就是,天才更有惊人的毅力和对事业的专注与热爱。困难和阻力如果会使一般人裹足不前,那么天才人物,由于他有强烈的动机和坚韧的意志,反而更能激发他的热情,使他倍加努力地去获取他所追求的东西。

有两个孩子从家中偷了一些水果和奶制品,跑到野外去玩。那时还没有保存食物的方法,看着吃剩的食物在阳光下坏掉,他们没有一点办法。

后来,两个孩子上了中学,他们依然是好朋友。一次,沿着冰封的湖畔散步,那个叫图德的孩子突然说:"还记得咱们从家里偷东西出来吃的事吗?"另一个孩子说:"当然记得,只是可惜剩下的食物都坏掉了!"图德指着湖面问:"看见那些冰了吗?""这里的冬天到处是冰,没什么大惊小怪的。"图德兴奋地说:"为什么不把这些冰收集起来,运到炎热的加勒比海的一些港口去销售呢?"那个孩子嘲笑他说:"别傻了,冰到了那里早化成水了!"可图德的目光依然注视着湖面上的冰。

几年后,也就是1806年,21岁的图德再次找到当年的朋友,想让他和自己一起做冰的买卖,可朋友再次拒绝了他,并劝他别异想天开。后来,在别人的资助下,图德花费1万美元将130吨冰用船运往酷热的马堤尼克岛。此后,图德在15年的时间里,把卖冰做成了世界生意,在船所能到达的地方,造成了人们对冰镇饮料、冰藏水果和冷藏肉类的需求。到了

1858年，图德把15万吨冰先后装上了380条大船运往美国、中国、菲律宾和澳大利亚等50多个国家和地区，而图德也因此成为世界冰王和亿万富翁。图德的做法给科学家们以启发，终于引出了冰箱的问世。当年那个朋友却依然过着普通的生活，他没想到，那些被他忽视的冰会成就一个人的梦想。

天才与常人的区别也许就在于一双眼睛和一颗心。

天才和常人之间的差距并不大，往往只隔着一个想法或者一双眼睛。对于一些事物，有些人只能看到表面，想到当前，而有些人却能看到内涵，想到以后。擦亮你的眼睛，敞开你的心灵，去迎接生命中的每一个机会，相信你一定会迎来成功的曙光。

如此简单

很多人之所以觉得每天的事情都做不完，那是因为他们把很多事情都想得太过复杂了。有时候，就需要我们把事情简单化来做，如果做得非常复杂，那么就是浪费大家的时间，做事的效率也低得可怜。

有一家大型洗涤用品公司，生产的香皂十分畅销。但是，一次意外的"空壳事件"让公司面临危机。

事情是这样的，一位顾客在商场购买了这家公司生产的香皂后，回家打开一看，却发现里面什么也没有，只是一只空壳。顾客以高价卖空香皂盒为由，把商场告上了法院。

公司总裁组织全体员工把所有包装好的产品拆开检查，发现空壳率为千分之一。为了避免香皂没装入盒的事件再度发生，公司花费数十万美元购置了一台X光机，用医学上的透视技术，检查成品，以保证成品全部为实。从此，"空壳"才画上了圆满的句号。

同城的另一家小型洗涤用品公司也生产香皂，限于当时的技术条件，同样存在空壳的问题。由于公司规模小，资金有限，购买X光机是不可能的了。董事长号召全体员工想办法，但没有一个人提出行之有效的方法。

董事长甚是苦恼，一个人走到郊外散心。此时秋意正浓，秋风从山谷袭来，把落叶卷下山，吹到另一个山谷。那一刻，董事长飞出了一个奇妙的点子。回到公司，董事长让手下买了一台大功率电扇，所有经过装盒程序的成品香皂一律经过电扇风吹，空壳的自然被吹出流水线，不空的进入最后一道包装工序。

这位董事长想得巧，做得当然就绝了。细细想一想，这与X光机相比，是多么简单啊！

很多的时候，我们都把事情做得太复杂了，大部分是因为我们一开始就把事情想得太过于复杂，所以做起事情来就事倍功半，完全没有效率。只要我们按照做事的原则，先对事情做一下分析处理，就会从简单中获得不简单的效果，做事就会事半功倍。

别让奇迹陨灭

一个人难免犯错误,关键在于犯错之后能够严肃地对待错误,改正错误。

朝阳升起之前,庙前山外凝满露珠的春草里,跪着一个人:"师父,请原谅我。"

他是某城的风流浪子,20年前曾是庙里的小沙弥,极得方丈宠爱。方丈将毕生所学全数教授,希望他能成为出色的佛门弟子。他却在一夜间动了凡心,偷下山去,五光十色的城市遮住了他的眼目,从此花街柳巷,他只管放浪形骸。

夜夜都是春,却夜夜不是春。20年后的一个深夜,他陡然惊醒,窗外月色如洗,清澈地洒在他的掌心。他忽然深感忏悔,披衣而起,快马加鞭赶往寺里。

"师父,你肯饶恕我,再收我做弟子吗?"

方丈深深厌恶他的放荡,只是摇头。"不,你罪过深重,必堕地狱,要想佛祖饶恕,除非——"方丈信手一指供桌,"连桌子也会开花。"

浪子失望地走了。

第二天早上,方丈踏进佛堂的时候,顿时惊呆了:一夜间,佛桌上开满了大簇大簇的花朵,红的、白的,每一朵都芳香逼人,佛堂里一丝风也没有,那些盛开的花朵却簌簌急摇,仿佛是焦灼的召唤。

方丈在瞬间大彻大悟。他连忙下山寻找浪子,却已经来不及了,心灰意冷的浪子重又坠入了他原本的荒唐生活。

而佛桌上开出的那些花朵,只开放了短短的一天。

是夜,方丈圆寂,临终遗言:

这世上,没有什么歧途不可以回头,没有什么错误不可以改正。一个真心向善的念头,是最罕有的奇迹,好像佛桌上开出的花朵。而让奇迹陨灭的,不是其他,而是一颗冰冷的、不肯原谅、不肯相信的心。

别让奇迹陨灭,相信佛桌上会开出善花吧。

人非圣贤,孰能无过?过而能改,善莫大焉。索福·克勒斯也说过:"一个人即使犯了错,只要能痛改前非,不再固执,这种人并不失为聪明之人。"承认错误并不是自卑,也不是自弃,而是一种诚实的态度,一种锐意的智慧。知错能改的前提是,别人还会再次相信给,再次给你机会。因此,别人的信任也是再重要不过了。

如何在几秒钟里变得自信

自信来源于什么？又依靠什么而存在？事实上，我们都是平等的人，都有追求幸福的权利；差异既然是客观存在的，我们就应该坦然面对。"我"只有一个，"我"和所有人都是平等的。我们应该牢记的是，自信的来源是相信平等、相信自己。

一天，我在超市购物，看见一个站在收银台前付款的中年男子。他虽然身穿普通的运动装，长相一般，但身上似乎有一种与众不同的气质。尽管没有什么特别之处，只能算中等身材，但好像比别人高出一头。这名男子走出超市时抬头挺胸，神态真像一个大人物。这点也引起了旁边搬运工的注意，他的眼神里充满敬意，干起活来手脚都勤快了。

直到这个人离开后，我才回过神来，注意到周围的人与他大不一样。瞧！替他结账的收银员是那样的无精打采，提着购物筐的顾客个个低头弯腰。而我呢？边门的镜子里出现的是一位不堪重负的妇女影像，或许是提的物品太多而无法直起腰。

猛然间，母亲经常对我说的几句话在耳畔响起："亲爱的，把腰挺起来！如果你想象耳朵被一根绳子拽着，你就一定能站直。"

一想到有根绳子拽着自己，我的头脚和上身很自然地直了起来，高了许多。在大门边的镜子上，我看到一个朝气蓬勃妇女的身影，与刚才镜子里闪现的判若两人。然而好景不长，由于下午5时恰逢交通高峰期急忙赶着回家，又必须在7时回公司开会前草草吃完晚饭，我塑造的美好姿势在来去匆匆中不复存在了。

第二天下班后，我到一家服装商店选购衣服。说来也怪，不论什么款式的时装，在身上试穿时都不对劲，不是显得臃肿，就是好像紧身。虽然转动身子换了几个角度，但也无济于事。我意识到，自己的形象实在欠佳。

这时候，昨天在超市里的那位男子突然闪现在脑海中。我想，如果自己也像他那样挺起腰杆，站得笔直，那么试穿在身上的这套服装不是会更好看吗？

我马上昂首直腰，对着试衣镜一照。天哪！好像是专门为我设计的，碍眼的皱褶和鼓囊囊的部位不见了，我对这套衣服简直爱不释手。

"夫人，真合身！"在一旁帮我试衣的店员评论道，"您看上去好像瘦了一点。"

不错，镜子里的我看样子少了5至7磅。我在某本生活杂志上读过一篇减肥文章，题目为《如何能在几周里减肥数磅》，而现在，我想到了《如何能在几秒钟里显得苗条》的新标题。

站直以后的我不但觉得体态轻盈，而且似乎年轻了许多。可不是吗？以前购物时常有背痛的毛病，现在不翼而飞了；走起路来全身各个部分好像各就各位，不像以前那样挤缩在一起，我感到十分舒适惬意；开车回家时精神愉快，轻松快乐。一个又一个的新标题不断涌现出来：《如何在几秒钟里变得好像年轻几岁》《如何在几秒钟里让全身更加舒服》。

然而，重力的影响，加之多年来养成的不良习惯在我身上根深蒂固，要站直并非易事，坚持下去更是困难重重。

有一次赴宴，我因担心与来宾不相识，生怕会讲错话，所以毫无兴致。但这又是一次推不掉的应酬，只好不情愿地穿上晚礼服。一看见镜子中的自己，我想起了"站直"的命令，假设有一根绳子将我拉了起来，站得笔直，随后以这种姿势出现在宴会的来宾中。

优美的姿势对自己外形的重新塑造固然使我惊讶，但由此而引起的精神面貌和自我感觉的变化更令自己震惊。我深切地感受到，在自己抬头站直时，似乎有这样一个声音在耳边说：

　　"您充满自信，感觉很好，是一个人物。"

　　客人们也交口称赞，表现出尊敬。他们肯定在想："如果她感到自己是一个人物，那么她必定就是。"

　　这时的我容光焕发，与来宾们交往起来应对自如，得心应手，不像平日那样笨嘴拙舌。我想到了一个《如何在几秒钟里变得自信》的新标题，那天晚上我睡得格外香。

　　后来的几个星期，我发现长期的优美姿势对自己大有裨益，使我充满自信。

　　有一天去购物，店员好像认识我似的问道："夫人，您是一个大人物吧？"

　　"对！我是个人物。想一想吧，我们不都是吗？"我说。

　　痛苦与幸福总会伴随我们走过漫漫人生，面对痛苦，我们通常会回忆过去的幸福，让自己获得一种心灵的麻醉。既然在痛苦与幸福的中间站着自己，那么，向前走，拥抱痛苦，战胜痛苦，最终拥抱幸福。遭遇挫折其实并不可怕，可怕的是你自己害怕了。对于挫折，我们应该挺起胸膛，勇敢面对，要用意志叫挫折让路，让自己奔向幸福。

美好的人生

家庭对于一个人身心的健康成长，包括对于子女的健康、教育投资以及成年人的继续教育和心理抚慰，也即人力资本的积累是根本性的。良好的家庭生活环境，其实就是一种良好的教养。

1985年夏天，河口博次先生才52岁——正是事业巅峰时期。当时他于周末回到东京，为了准备下一周的工作，又搭机飞往大阪。他所搭乘的飞机自羽田机场起飞没多久，便发生故障，之后坠落到御巢鹰山中，机上520名乘客全部罹难。我在某种机缘下，和河口夫人通了信，体会到夫人的心情。后来我请她到我家来坐坐，因而有机会了解河口先生的人品及其生活方式、生活状况等。

河口先生每个月搭乘飞机来回东京、大阪之间，那一次从羽田机场起飞后不久，因发觉飞行路线有异，而直觉即将发生事故。然后他振笔疾书写下："再也不搭乘飞机了，神啊！请救我！"接着以万事休矣的心情率直地吐露："没想到昨天和大家共进的那顿饭是最后一餐了。"接下来是："机内冒出类似爆炸后的烟雾，机身开始下坠。往哪儿去？会怎么样？妈妈(日本人习惯以此昵称妻子)，发生这种事令人遗憾。再见了，孩子们的事就拜托您了！现在是六点半。飞机正快速旋转下坠。"

看了这段文字，眼前立刻浮现出一副河口强抑着惊慌的情绪，快笔写下这页留言的光景。这页遗言的最后以"到今天为止，我的人生真的很幸福！由衷感谢！"这句话作结束。在这页遗言的最后，能写下这种辞别语，为人生画下句点，河口确实拥有一颗令人难以置信的"平静的心"。

和河口夫人的谈话当中，得知河口是位爱家的人。当孩子们尝试任何新的体验之前，他都会细心关注、协助他们做准备工作等。据说，河口在年轻时很喜欢山，经常登山，每次登山都会记录登山的心得，以及各处的气候状况。发生紧急状况时还能写下这种留言，应是靠这种平时记录的习惯所赐吧！

河口夫妇之间的对话常有："托妈妈的福""托爸爸的福""太好了，真的好幸福"等词句。我从河口夫人口中得知，连最后道别的词句也是出自平时的习惯用语。而从河口平时就喜欢登山这件事来看，他一定是一位勇敢的人。

空难发生后，日本的报纸报道了河口的性格、灾难发生时的举动等。

河口是一个对工作全力以赴的人。但我发现支撑他整个人的，并非只是工作，因他也是个非常重视家庭的人。在日本企业界鞠躬尽瘁的大有人在，但像河口这种同时恪尽工作上的职责，且又心怀家庭的日本人并不多见！大部分的人都是埋头苦干，但一脱离工作，便什么都没有了。人生短短在世，我们是要过这种人生呢，还是做个与河口有相仿人生的人呢？这是我们必须思考的。

工作尽力，挚爱家庭的人，人生即使在夏日结束，也依然是个美好的人生！

家，对于我们所有人来说，都是一个温馨的字眼。家不仅仅是一幢房子，它是漂泊者的避风港，是心灵的驿站，简而言之，它也是一种真正属于自己的生活方式，我的亲人，我的家。关爱家庭，才会有动力去拼搏；拥有一个和谐幸福的家庭，才能让拼搏的人无后顾之忧。

最重要的事是诚实

"敦厚之人，始可托大事。"一个人如果虚伪奸诈，往往会在政治上成为两面派，在社会上成为见利弃友的市侩小人，这样的人是没有朋友的。做人如果不真诚，一切都不会长久，诚实的人才是可以信任的人。

早些年考中专不需要考英语，所以选择考中专的学生对英语的学习都放弃了。

毕业考试临近的时候，学校来了一位实习生，她是一位名牌大学的英语专业的高才生，长得很小巧，脸上好像永远带着微笑。学校让她教中专班的英语，因为他们只要及格就行了。她对英语教学十分认真，每次她都带着微笑走进教室。她的口语很好，并且声线也很好。可是，大家都对她的课总是心不在焉，有的同学还看其他书籍。她很困惑，以为是自己的教学方法不对，便准备了一些测验题，了解学生们的英语学习情况。

测验题交上来了，她发现了全班20多个人，答案几乎一模一样，包括错误。

她失望了。她把这次考试的情况告诉学校，但校方认为法不责众，再说他们高考不用英语。她又找校长，校长对此也一笑了之，她困惑了。

第二天，她仍给同学们上课。讲了一会，突然停住了。

她说："我知道你们的实际情况，不需要学习英语，但是，你们要知道，不学英语你们以后会后悔……还有，同学们，过了10年、20年，你们会把我忘记，我也只是一个实习的老师，但是，我希望你们记住今天我说的话，我请求你们做一个真诚的人……"

她流泪了。

她在黑板上写一句"The most important thing is to be honest"，转身而去。

有同学用字典查出了这句话的意思：最重要的事是诚实。

一位搞外贸的同学对我说起当年的事。他说前几年在广州的一次外贸洽谈会上，看到过她，已是一家公司的外贸代表。他想去打招呼，叫她一声"老师"，可那刻，却感到心虚得很。

人没有了诚信，何以安身立命？没有了诚信，何以生存发展？没有了诚信，何以存活于世？诚信，是最基本的处事原则，是人处社会的通行证！事实上，现在最缺少的就是金子般的诚实，无论是对别人，还是对自己。诚实守信是无形的力量，也是无形的财富，做人最重要的是诚实，所以我们要做一个诚实守信的人。

人性最微妙的一种感觉

在这个平凡的世界，我们需要的，不见得是英雄、伟人，而是这种真真切切、实实在在，可以不媚于世俗，而无负于自己良心的人。

我的心底总藏着三个小故事，每次想起，都一惊。因为我原以为自己很聪明、很客观，直到经历这些故事之后，才发觉许多事，只有亲身参与的人，方能了解。那是人性最微妙的一种感觉，很难用世俗的标准来判断。

当我在圣若望大学教书的时候，有一位同事，家里已经有个蒙古症的弟弟，但是当他太太怀孕之后，居然没做羊水穿刺，又生下个"蒙古儿"。消息传出，大家都说他笨，明知蒙古症有遗传的可能，还那么大意。我也曾在文章里写到这件事，讽刺他的愚蠢。直到有一天，他对我说："其实我太太去做了穿刺，也化验出了蒙古症，我们决定堕胎。但是就在约好堕胎的那天上午，我母亲带我弟弟一起来看我们。我那蒙古症的弟弟，以为我太太得了什么重病，先拉着我太太的手，一直说'保重！保重！'又过来，扑在我身上，把我紧紧抱住，说：'哥哥，上帝会保佑你们。'他们走后，我跟太太默默地坐了好久。不错！我是曾经怨父母为什么生个'蒙古儿'，多花好多时间在他身上。但是，我也发觉，他毕竟是我的弟弟，他那么爱我，而且毫不掩饰地表现出来。我和我太太想，如果肚子里的是个像我弟弟那么真实的孩子，我们能因为他比较笨，就把他杀掉吗？他也是个生命，他也是上帝的赐予啊！所以，我们打电话给医生，说我们不去了……"

二十多年前，我当电视记者的时候，有一次要去韩国采访亚洲影展。当时出国的手续很难办，不但要各种证件，而且得请公司的人事和安全单位出函。我好不容易备妥了各项文件，送去给电影协会代办的一位先生。可是才回公司，就接到电话，说我少了一份东西。

"我刚才放在一个信封里交给您啦！"我说。

"没有！我没看到！"对方斩钉截铁地回答。

我立刻冲去了西门町的影协办公室，当面告诉他，我刚才确实细细点过，再装在牛皮纸信封里交给了他。

他举起我的信封，抖了抖，说："没有！"

"我以人格担保，我装了！"我大声说。

"我也以人格担保，我没收到！"他也大声吼回来。

"你找找看，一定掉在了什么地方！"我吼得更大声。

"我早找了，我没那么糊涂，你一定没给我。"他也吼得更响。眼看采访在即，我气呼呼地赶回公司，又去一关一关"求爷爷、告奶奶"地办那份文件。就在办的时候，突然接到影协"那个人"的电话。

"对不起！刘先生，是我不对，不小心夹在别人的文件里了，我真不是人、真不是人、真不是人……"

我怔住了，忘记是怎么挂上那个电话的。我今天虽然已忘记了那个人的长相，但不知为什么，我总忘不了他那个人。明明是他错，我却觉得他很伟大，他明明可以为保全自己的面子，把发现的东西灭迹，但是，他没这么做，他来认错。我佩服他，觉得他是一位勇者。

许多年前，我应美国水墨画协会的邀请，担任当年国际水墨画展的全权主审。所谓"全权主审"，是整个画展只由我一个人评审，入选不入选，得奖不得奖，全凭我一句话。他们这样做的目的，一方面是尊重主审，一方面是避免许多评审"品味"相左，最后反而是"中间地带"的作品得奖。不如每届展览请一位不同风格的主审，使各种风格的作品，总有获得青睐的机会。那天评审，我准备了一些小贴纸，先为自己"属意"的作品贴上，再斟酌着删除。

评审完毕，主办单位请我吃饭，再由原来接我的女士送我回家。晚上，她一边开车，一面笑着问："对不起！刘教授，不知能不能问一个问题。没有任何意思，我只是想知道，为什么那幅有红色岩石和一群小鸟的画，您先贴了标签，后来又拿掉了呢？"

"那张画确实不错，只是我觉得笔触硬了一点，名额有限，只好……"我说，又笑笑，"你认识这位画家吗？"

"认识！"她说，"是我！"

不知为什么，我的脸一下子红了。她是水墨画协会的负责人之一，而且从头到尾跟着我，她只要事先给我一点点暗示，说那是她的画，我即使再客观，都可能受到影响，起码，最后落选的不会是她。一直到今天，十年了，我都忘不了她。虽然我一点都没错，却觉得欠了她。

三个故事说完了。从世俗的角度看，那教授是笨蛋、那影协的先生是混蛋、那水墨画协会的女士是蠢蛋。但是，在我心中，他们都是最真实的人。在这个平凡的世界，我们需要的，不见得是英雄、伟人，而是这种真真切切、实实在在，可以不媚于世俗，而无负于自己良心的人。每次在我评断一件事或一个人之前，都会想到这三个故事，他们教了我许多，他们教我用"眼"看，也用"心"看。当我看到心灵最微妙的地方时，常会有一百八十度的大转变。

穷死不要撒谎，难死不要骗人！堂堂正正做人，明明白白做事！永远不要丢掉别人对你的信任，因为别人信任你，是你在别人心目中存在的价值！否则有一天当别人把你看清了，也就看轻了！永远相信诚信可赢天下，守信方得人心。做任何事都要对得起自己的良心！

真相面前人人平等

我们自己经常会有如下文"找茶壶""招茶壶"的经历,更有甚者,在与人的交往中,友情的酒杯一旦摔碎就再也不会重塑,因此,我们遇事都切不可着急,不要凭借自己的主观臆断,对某个人,对某项事妄加评判。

有个笑话,说的是一个人偶然得了把紫砂壶,非常喜欢。睡觉时,他把紫砂壶放到床头的小柜子上,梦里一个翻身,紫砂壶的盖子不慎跌落。被惊醒后,他既心疼又气急败坏,没有了盖子的紫砂壶,还有什么用处?于是一甩手将茶壶丢到了窗外去。第二天早晨起床,却发现茶壶盖子完好无损地落在拖鞋上。

想起已经丢到窗外的茶壶,他又悔又恼,飞起一脚把盖子踩碎!吃完早饭,扛着锄头出工,一眼看见窗外的石榴树上,那把没盖子的茶壶,正完好无损地挂在树上。

那人欲哭无泪,让观者既是惋惜又是感叹——谁的人生里,没有过一把挂在树上的茶壶呢。

一个年轻人,到城里做工,投奔到一个做大学教授的亲戚门下。他不过初中毕业,找份工作并不容易,东奔西跑地忙了一个月,工资没发,家里突然来了电话:父亲病了,急需用钱。穷途末路之际,他在亲戚家里偷了500块钱寄回去。忐忑不安地从邮局回来,扒着门缝看到亲戚正在打电话，隐隐约约说到钱还有自己的名字。他马上着了慌，揣测着偷钱的事情已经败露，心乱如麻，于是慌不择路地冲进去就把亲戚杀害了。

后来这个人被逮捕归案，事情的真相却令他大出意外。原来那个亲戚并不知道他偷钱的事情，他是打电话给另外一个亲戚，他听说了年轻人父亲的病，正和对方合计给他家里寄点钱去。

紫砂壶的主人以为盖子掉在地上必然碎了，所以，把完好的紫砂壶也丢掉了。偷钱的年轻人以为偷盗败露必然受罚，所以，先下手为强，杀了无辜的亲戚。而生活的丰富与歧义在于，许多表象上貌似的必然，其结果却往往是非然的。许多时候，只有坚持到了最后一步，生活的真相才会水落石出。

一个真实的故事。一老一少两个朋友，误入深山老林，几乎弹尽粮绝。夜里，年轻人正昏昏欲睡，忽然看到老者悄悄在石头上磨匕首。他一下子惊在那里，想起了过去听说过，人饿到一定程度，会吃掉同类。一阵凉气从心底冒出来，迷路的恐惧之外，如今又增添了被杀的危险。年轻人不想坐以待毙，于是，他也开始一有时间就磨自己的匕首。水和干粮越来越少了，两个人开始互不避讳磨匕首的急迫。偶尔年轻人看一眼老者，发现对方正若有所思地看着他，他就更加使劲地磨起自己的匕首来，一边磨一边想：什么时候动手合适，我一定要抢在他前面下手。当最后一块干粮吃净之后，年轻人看着睡在另外一侧的老者，悄悄举起了匕首。老者却突然一个翻身，跑出了山洞。年轻人正犹豫着不知道该不该追出去，忽然听到惊喜地呼喊，"有人来救咱们了。"年轻人跑出去一看，一小队探险队员正从丛林深处走来。

得救的年轻人把匕首远远地抛出去，没想到老者亲自给他捡了回来，他拉着年轻人的手颇动感情地说："我知道你的想法，但是，你还这么年轻，怎么可以自杀来成全我，实在万不得已，我会先你动手杀掉自己，让你有充足的食物。"

这个故事中，如果没有及时出现的探险队员，年轻人的匕首将会犯下多大的罪恶！幸运的是，他们没有死，更令人震惊的事实是，老者并非年轻人想的那样歹毒，他是准备自杀来成全年轻人。

和挂在树上的茶壶比起来，迷失在深山的年轻人是幸运的，因为他等来了真相，少了一份为盲目的莽撞所付出的代价。其实，真相面前人人都是平等的，只要你有足够的耐心，只要你肯眼见为实后再做出决断。

真相面前人人平等，很多遗憾，都是因为我们习惯性的想当然造成的，个人的狭隘偏执并不能改变生活的广博多彩。为了让美好的生活少一把"挂在树上的紫砂壶"，从今天起，让我们多一分耐心给自己、给外物，凡事多以清、慎、勤、忍为原则，世界就会少一分遗憾，多一分圆满。

生活就像洋葱

不见面的时候会一直惦记着他，见面时却又脸红心跳，什么话都说不出口。他总是轻易地把你心揪住，让你无法忘怀。因为你爱他，他是你最甜蜜、最甜蜜的负荷，这个人叫爱人。

故事发生在美国的一所大学。

在快下课时教授对同学们说："我和大家做个游戏，谁愿意配合我一下。"

一女生走上台来。

教授说："请在黑板上写下你难以割舍的二十组人名。"

女生照做了。有她的邻居、朋友、亲人等等。

教授说："请你划掉一个这里面你认为最不重要的人。"

女生划掉了一个她邻居的名字。

教授又说："请你再划掉一个。"

女生又划掉了一个她的同事。

教授再说："请你再划掉一个。"

女生又划掉了一个……

最后，黑板上只剩下了三组人名，她的父母、丈夫和孩子。

教室非常安静，同学们静静地看着教授，感觉这似乎已不再是一个游戏了。

教授平静地说："请再划掉一个。"

女生迟疑着，艰难地做着选择……

她举起粉笔，划掉了父母的名字。

"请再划掉一个。"身边又传来了教授的声音。

她惊呆了，颤巍巍地举起粉笔缓慢而坚决地又划掉了儿子的名字。

接着，她哇的一声哭了，样子非常痛苦。

教授等她平静了一下，问道："和你最亲的人应该是你的父母和你的孩子，因为父母是养育你的人，孩子是你亲生的，而丈夫是可以重新再寻找的，为什么丈夫反倒是你最难割舍的人呢？"

同学们静静地看着她，等待着她的回答。

女生平静而又缓慢地说道："随着时间的推移，父母会先我而去，孩子长大成人后肯定也会离我而去，真正陪伴我度过一生的只有我的丈夫。"

其实，生活就像洋葱，一片一片地剥开，总有一片会让我们流泪。

这个人他（她）在感情上与你共患难，即使你有难对方也不离弃。你们相知、相爱一辈子，争吵一辈子，忍耐一辈子；有甜蜜，有苦涩，相互扶持，相偕一生；你们是最亲密的人，是一辈子的守候，在你死之前，还在你身边唯一厮守的人，也许你的儿女不能一直在身边，在你身边的一定是他（她）。

别对人说你和上司的旧谊

年轻人，不要太留恋"校友"关系，这会影响你进入新集体的热情；初涉世事，有时反而是"一无所傍"更能适应新环境。

申杨21岁那年，从经济学院毕业，通过招聘渠道进了B公司。B公司是一家大型进出口公司，也是这一时期的应聘热门。也是巧，就在上班第一天，副总经理召集所有新员工开会的时候，申杨见到了同届不同系的两位校友：颜明和丛燃芳。校友之间，一通报姓名专业，彼此都很兴奋，申杨说，公司招了13个人，就有3人出自经济学院，我们真的很幸运。我母亲说，涉世艰难，险阻重重，没个熟人难办事，咱们是校友，以后互相照应着点，可以稀释初入公司的陌生感。颜明和丛燃芳表示同意。于是"经济学院三人组"就从这天起正式成立。虽然申杨与颜、丛二人分在不同的部门，但吃饭、上下班，都坚持"三人行"；平时煲煲电话粥，倒也不觉周围的陌生眼光是一道铜墙铁壁。

3个月以后，主任找申杨谈话，在肯定他的勤恳认真之余，敲边鼓问他是否在谈恋爱，不然，电话怎么这么多。主任还口气和缓地表示不满说，我们是业务联络十分频繁的单位，个人通话时间太长，有含金量的电话就进不来，容易引起同事之间的矛盾。

申杨的面颊火烫火烫的，他申明说他打的是内线电话，与本公司的校友联络感情而已，浪费不了公司多少电话费的。

主任见他认死理，有些不悦。但还是以资深同事的宽容提醒他说，年轻人，不要太留恋"校友"关系，这会影响你进入新集体的热情的；初涉世事，有时反而是"一无所傍"更能适应新环境。

申杨虽颇受震动，但为了年轻人特有的自尊心，还是坚持对颜、丛两人表现出超乎一般同事的亲近。申杨的业务发展比隔壁办公室的小代缓慢得多。申杨就不明白，为何资深同事对北京毕业的小代寄予更高的期望呢？有次他对小代提出自己的困惑，问："是否大家看我有'三人行'做支撑，而特别关照孤单的你呢？"

小代微笑说，任何一个单位的同事，都不愿在新分来的学生身上看到太多的校园情调，院墙外的世界与院墙内的世界究竟是两回事。你跟颜、丛两人形影不离，这本无可非议。问题是年资高的同事会因此怀疑你们过分留恋校园生活、书生气太重而看不惯成人世界世俗化的人际关系。他们会认为你们是以清高的姿态来逃避现实。小代说，"申杨你听我一句话，越是自认'英雄莫问出处'的所在，越是强调公平竞争的基础，有意无意地提醒别人，我是名校毕业生，就越没有市场了。而且，在一个开放型的交往空间里，校友、同门、老乡、同宗这些关系，往往被认为是不合潮流的。而且，依那些老同事的说法：30年后再来渲染的校友关系，比刚出校门就来渲染，要有根基得多。"

申杨如醍醐灌顶，猛然明白了他与颜、丛两人的组合老是飘移在公司人际关系之外的缘由。原来，工作环境中的校友关系，也要经过"合久必分"的阶段，才能迎来"分久必合"的默契呀。

刚出校门的年轻人，老是扯住"校友关系"这根藤不放，是有其心理渊源的。毕业伊始，他们被推入人际关系这只万花筒，不免有眼花缭乱之感。与校友交往被他们认为是安全的、放松的，铸成错也易被原谅——也就是说，毕业生容易把校友关系混同于当年的同学关系。"住我上铺的兄弟"，总不会因我出言不逊而记挂一辈子吧。而将校友关系视作一种单纯的关系，有可能是年轻人社交上的一个"盲区"。

蓝寻的例子就给人启悟。这个22岁的小伙子毕业于北方一所名不见经传的外语学院，他进公司后不久，就获知了一个意外的消息：公司年方38岁的总经理，14年前也毕业于自己就读的那所外语学院。蓝寻是从总经理要他打印的一份高层职员备忘录里，偶然获知这一秘密的，当时，他的心突突地跳，手心也出了汗。

　　他甚至揣测自己竟能从40多位应聘者中脱颖而出，是因为总经理看了他的履历，因校友关系而顿生惺惺相惜之感。那么，总经理是否有意迅速地重用他呢？

　　为了试探总经理的意见，蓝寻莽撞地施放了"校友关系"这枚热气球。他有意无意地告诉同事和部门经理，自己与总经理都不是名校出身，他们都曾住过外语学院那座名为"榴园"的男生宿舍。

　　涉世未深的蓝寻几乎葬送了他在这座城市立足的机会！三个月试用期满的时候，他收到总经理亲笔写就的一封客气的"请退信"，此外，尚存一念之慈的总经理还特为他写了一封推荐信，让蓝寻到他昔日战友所开的公司里去应聘。总经理在信上告诫他说，"如果你能重新找到工作，记住别对人说你和顶头上司的'旧谊'。"

　　在同部门同办公室中，你是否与其中某个人关系特别亲近？千万不要认为这样代表你交到了好朋友，更不要为自己在单位里有了个"同盟"而沾沾自喜。与某一个同事过度亲密，别人可能会以为你们在搞小团体，你们两个也许亲近了，但你可能因此被更多人疏远。而到处诉说自己与领导的情谊，这行为就更加要不得。

你是否想过改变自己的现状

你认为自己是一个贫穷的人吗？如果是，你是否想过改变自己的现状，从现在起积累自己的财富，迈向富人的行列？读读以下的这些理财哲学，或许会对你有所启发。

［将生活费用变成第一资本］

一个人用100元买了50双拖鞋，拿到地摊上每双卖3元，一共得到了150元。另一个人很穷，每个月领取100元生活补贴，全部用来买大米和油盐。同样是100元，前一个100元通过经营增值了，成为资本。后一个100元在价值上没有任何改变，只不过是一笔生活费用。

贫穷者的可悲就在于，他的钱很难由生活费用变成资本，更没有资本意识和经营资本的经验与技巧，所以，贫穷者就只能一直穷下去。

财智哲学：渴望是人生最大的动力，只有对财富充满渴望，而且在投资过程中享受到赚钱乐趣的人，才有可能将生活费用变成"第一资本"，同时，积累资本意识与经营资本的经验与技巧，获得最后的成功。

［最初几年困难最大］

其实，贫穷者要变成富人，最大的困难是最初几年。财智学中有一则财富定律：对于白手起家的人来说，如果第一个百万花费了10年时间，那么，从100万元到1000万元，也许只需5年，再从1000万元到1亿元，只需要3年就足够了。

这一财富定律告诉我们：因为你已有丰富的经验和启动的资金，就像汽车已经跑起来，速度已经加上去，只需轻轻踩下油门，车就会疾驶如飞。开头的5年可能是最艰苦的日子，接下来会越来越有乐趣，且越来越容易。

财智哲学：贫穷者不仅没有资本，更可悲的是没有资本意识，没有经营资本的经验和技巧。贫穷者的钱如不是资本，也就只能一直穷下去。

[贫穷者的财富只有大脑]

人与人之间在智力和体力上的差异并不是想象的那么大，一件事这个人能做，另外的人也能做。只是做出的效果不一样，往往是一些细节的功夫，决定着完成的质量。

假如一个恃才傲物的职员得不到老板的赏识，他只是简单地把原因归结为不会溜须拍马，那就太片面了。

老板固然不喜欢不尊重自己的人，但更重要的是，他能看出你的价值。同样，假如你第一次去办营业执照，就和工作的人吵得不可开交，可以肯定，你开的那个小店永远只能是个小店，做大很难。这样的心态，别说投资，连日常理财都难做好。

很多投资说到底是一种赌博，赌的就是将来的收益大于现在的投入。投资是件风险极大的事，钱一旦投出去就由不得自己。

贫穷者是个弱势群体，从来没把握过局势，很多时候连自己也不能支配，更不要说影响别人。贫穷者投资，缺的不仅仅是钱，而是行动的勇气、思想的智慧与财商的动机。

贫穷者最宝贵的资源是什么？不是有限的那一点点存款，也不是身强力壮，而是大脑。以前总说思想是一笔宝贵的精神财富，其实在我们这个时代，思想不仅是精神财富，还可以是物质化的有形财富。一个思想可能催生一个产业，也可能让一种经营活动产生前所未有的变化。

财智哲学：人与人之间最根本的差别不是高矮胖瘦，而是装着经营知识、理财性格与资本思想的大脑。

［对自身能力的投资］

有一句伟人的话，大意是一个人的价值大小，不是看他向社会索取多少，而是看他贡献多少。相比之下，按劳分配并不是按你的劳动量来分配，而是要你生产出更多的价值。只要你愿意，你劳动的能力越强，创造的价值越多，就越可能获得高的收入。多劳多得的根本是质而不是量，贫穷者最根本的投资是对自身能力的投资。

财智哲学：说到资本家，贫穷者就联想到那些剥削工人剩余劳动价值的人，心中自然有种抵触情绪。实际上，只要你愿意，你也可以当资本家，资本市场是向每一个人开放的，其中也有你的那一份天地。

［教育是最大投资］

学历只是一般教育的证明，学校里学到的只是一些综合性的基础知识，人一辈子都需要重新学习。有一篇报道，江苏省2003年高学历(本科及以上)者人均年收入超过11万元，小学文化程度者只有3708元，二者相差近30倍。经济收入的悬殊，已经造成实际上的高低贵贱。在当今社会，要想过上稍稍像样一点的生活，就必须有一个高学历。

财智哲学：教育是最大的投资，对很多贫穷者来说，他们的命运是和受教育程度密切相关的。因为贫困不是一种罪过，但贫困中的人都不得不承受它的恶果。

勿以运气为贫穷开脱。关于资本的故事每个人都听过不少，比如某个美国老太太，买了100股可口可乐股票，压了几十年，成了千万富翁；某位中国老太太，捂了10年深发展原始股，也成了超级富婆。故事的主角都是老太太，笨头笨脑，居然一弯腰就捡了一个金娃娃。

从理论上讲，美国老太和中国老太的投资都是成功的，但对更多的人而言，却很难有什么推广价值。两个老太凭什么能够坚持捂股？不是理智的分析，也不是坚定的信心，而是什么都不懂，要么是压在箱底忘在脑后了，要么是运气的因素。贫穷者把很多事情都归于运气。因为只有运气是最好的借口，可以为自己的贫穷开脱。"运气不好"是所有失败者的疗伤良药。

财智哲学：在商品经济时代，人人都会有运气，不劳而获不仅是可耻的，而且是不可能的。一个人之所以有权获得收入，是因为他为社会生产出了产品，社会才给了他回报。

[知本向资本靠拢]

有个故事说的是一个国王要感谢一个大臣，就让他提一个条件。大臣说："我的要求不高，只要在棋盘的第一个格子里装1粒米，第二个格子里装2粒，第三个格子里装4粒，第四个格子里装8粒，以此类推，直到把64个格子装完。"国王一听，暗暗发笑，要求太低了，照此办理。不久，棋盘就装不下了，改用麻袋，麻袋也不行了，改用小车，小车也不行了，粮仓很快告罄。数米的人累昏无数，那格子却像个无底洞，怎么也填不满……国王终于发现，他上当了，因为他会变成没有一粒米的穷者。一个东西哪怕基数很小，一旦以几何级倍数增长，最后的结果也会很惊人的。

贫穷者的发展难，起步难，坚持更难。就那么几粒米，你自己都没了胃口。可一件事情的成功，往往就在于最后一步。当基数积累到一定的程度，只需要跳一下格子，你就立地成佛了。这之前的一切都是铺垫，没有第一粒米，就没有后面的小车大车，这个过程是漫长的，也是艰难的。但是世界上聪明的人很多，有知识的人遍地都是，但真正能发大财的却少，要把知识变为知本，只有和资本联姻才行。

财智哲学：富人靠资本生钱，贫穷者靠知本致富。以知本作为资本，赤手空拳打天下，可能是现代贫穷者们最后也最辉煌的梦想。但是，一个生活在底层的人，很难有俯瞰的眼光和轩昂的气度，贫穷者内心最缺乏的其实就是这种自信。

大部分富人并不是天生的富人，他们的财富也是一步一步积累而成的，也都是通过自己努力奋斗得来的。在贫穷之时，富人骨子里就深信自己生下来不是要做穷人，而是要做富人，他有强烈的赚钱意识，这也是他血液里的东西，他会想尽一切办法使自己致富。而穷人，最缺乏的就是这一点，他们会安于现状，认为自己能这样就差不多了。

战胜对手

遭遇失败并不可怕，可怕的是当我们遭遇失败后便一蹶不振，从此失去了再站起来的勇气！你要知道：梅花之香，来自凛冽的寒风；松柏之翠，源于险峻的悬崖。

一向一帆风顺的皮特，在生意上第一次遭受了巨大的挫折与失败。皮特心灰意冷，整天待在家里闷闷不乐。

7岁的儿子普里特放学回来，兴高采烈地向皮特大声宣布："爸，我有个好消息向您宣布！"

"是吗？普里特。"漫不经心地回答。

聪明的普里特看出了皮特的不快，问道："哦，爸爸，您为什么总不高兴？是打球输了吗？"

普里特刚刚加入学校乒乓球业余培训班，对乒乓球非常感兴趣。皮特回答他说："差不多，我输给了对手。"

"那有什么了不起！"普里特说，"我刚进业余班那阵，连球拍都不会握，可我盯住了班上的冠军，非要跟他拼拼不可。每天训练一完，我就找他挑战，当然我从来没赢过，心情非常沮丧，所以我非常同情您，爸爸，您的对手是冠军吗？"

"那不见得！"皮特答道。

"哇！"普里特叫了起来，"连冠军都不是，那就更不应该输给他。

您知道我是如何战胜冠军的吗？"

"如何？"

"我给自己打气，经过一段时间准备后，我又去向骄傲的冠军挑战，果然，第一局我又输了。"

"第二局呢？"

"也输了。"

"那你真的又输了。"

"可是，爸爸，第三局我赢了他。"

"可你，最终还是输给了他。"

"不，爸爸。"普里特自豪地说："记住，第三局我赢了他，我终于打败了他一回。爸爸，您失败了几次？"

"一次！"

"爸，您真笨，才一局您就认输了，您应该来五盘三胜制，彻底打败对手。"

"五盘三胜制？这主意真好！"皮特豁然开朗，心情也好多了，便问普里特："你刚进门时说有好消息告诉我，是什么好消息？"

普里特认真地答道："就是在第三局我终于战胜了对手呀！"

其实失败并不可怕，可怕的是我们放弃再次尝试的决心。真正重要的是我们以什么样的姿态去面对失败、挫折、困苦，并通过不断提升能力来超越以后未知的挫折，决不能因为挫折而阻碍了前进的道路。记住，每一次失败都是走向成功的垫脚石。

信与望

日常生活中,我们常常可以看到这种现象:一些很有学问和修养、心里明白的人,表面却显得愚钝,既不与人钩心斗角,也不用心算计。正由于这样,一些无知的人反倒取笑他,背后议论他,并自以为聪明得计。

每次见到老姜,都会觉得他和别人不一样。

比如去他家吃饭。如果我说,你别客气,随便做几个菜就行,我这两天减肥呢。果然,上他家餐桌一看,一定就是四个菜,四个人吃刚刚够,倒也挺符合节约原则的。

要是下次我说,我去你家,你做点好吃的呀。不用说,到时候他家饭桌上的食物堆得准保摆不下。我们走了,估计剩菜要老姜两口子再吃三五天。

他妻子还告诉我一件事。有次老姜跟人约好八点在广场书店门口等。到九点了,那人也没来。老姜倒还在那里等。妻子给他打电话说,人家准是不来了。老姜说,人家要不来,会给电话。没电话来,就说明他会到。

等了一上午,一个人影也没有。到晚上那人打电话来解释,说是白天忘了,明天老地点见吧。

他也不抱怨不生气。第二天又去。

老姜妻子边讲边咬牙,说,这个人太实心眼了。

我听得笑起来,对她说,原来你们老姜是个晒蜡僧呀。

晒蜡僧是近代中国佛教界里的一个不起眼僧人的绰号，他的本名或法名叫什么，我并不知道。

晒蜡僧是个寺院香灯师，负责给大殿里的佛像上香和点灯。他自小天性驽钝，实诚，人说什么听什么。有天正逢"六月六"，是翻晒衣物和书籍的好日子，寺院里的其他僧人们想逗逗他，就说，我们都晒东西了，你负责看管的那些蜡烛也拿出来晒一晒才行啊。

真的吗？晒蜡僧在一旁问。

当然了。

于是他兴冲冲地把那些香烛，一趟趟地搬到了大太阳底下。

蜡烛哪里经得起烈日的直接晒烤。还不到晚上，它们就化成了一摊摊不成形的蜡泥蜡饼了。老方丈把晒蜡僧叫到身边，说，蜡烛怎么变成这样了？

晒蜡僧理直气壮地说，六月六就是要晒东西的啊。师兄们也说了，蜡烛也要晒。

晒蜡僧的绰号就由此而来。

我还没讲完，只见老姜妻子就点起头来，说，像，老姜就是像晒蜡僧一样。

那晒蜡僧后来呢？她又问。

寺院里的人见晒蜡僧竟然什么都相信，有心要再逗逗他。就说，你的悟性太高，这里已经不能够再教你了。听说有一个名叫谛闲的老法师，是当代高僧，你不妨去拜他为师。

晒蜡僧信了。他果然跑到谛闲的寺庙去，对接待的知客师傅说，人家都说依我的悟性，现在只有谛闲法师能教。我要见法师。

知客师一听就知道这是个愚钝之人，只是因为谛闲法师平时嘱咐过，无论聪慧还是愚钝，都要一视同仁。他们便有些哭笑不得地把他安顿下来，安排他在寺院伙房做洗菜的事。

谛闲法师听了这整件事情经过后，心知晒蜡僧并不是狂妄或自大，他只是完全相信了别人的话而已。他就有空也给晒蜡僧讲讲经。

晒蜡僧虽然愚笨到有时一句经竟然要三四天才记得住。但他有个可贵之处是坚持。一句经要三四天，一本经有时就要一年。但他并不觉得苦恼或自卑，他只是听、记、悟，一下一下，一点不急不躁。

十数年过去，晒蜡僧已学有所成了。当谛闲法师不得空的时候，他竟然也可以代替谛闲法师给别人讲经。只不过他和别的讲经师不同，别人讲完了就歇，他讲完了，脱下袈裟，换回旧衣服又继续去洗菜。

旁边有人说，你现在是讲经师傅了，可以不洗菜了。

经要讲，菜也还是要洗的，他说。半句怨言或不满都没有。

有天，在讲经台上，下面的人发现，晒蜡僧静静地圆寂了，面相如睡，一丝不安和痛苦也没有。

故事讲完了，老姜妻子沉默了很久。看来她是像我一样，被晒蜡僧这样的人打动了。

生活在现代社会的我们，已经很难见到一个人的一生，可以如此地安静、实诚、不疑、不欺。而且在我看来，无论僧俗，都是最完美的境界了。

机巧的人，总是可以得到更多的看得见的好处。世人与艳美的，也总是锦上添花。笨拙的人，他没有太高的智商，这使他常常都贫穷、卑下，在人际关系里也总是处于下风。但他对于世界和周围的一切，都是天赋的信与望。没有阴影，没有心机，因而像天心月满之时的景象，空净无瑕。他反而是获得了大的智慧。

幸福的因素

追求幸福是人的本性，但幸福不能凭空产生，作为一种美好的主观体验，它总是与许多客观因素紧密相连，并受这些因素的影响制约。只有认清这些因素，并理性地把握它，才有可能获得幸福。

幸福的生活有三个不可缺的因素：一是有希望。二是有事做。三是能爱人。

有希望：

亚历山大大帝有一次大送礼，表示他的慷慨。他给了甲一大笔钱，给了乙一个省份，给了丙一个高官。他的朋友听到这件事后，对他说：你要是一直这样做下去，会一贫如洗。亚历山大回答说：我哪里会一贫如洗，我为自己留下的是一份最伟大的礼物——希望。

一个人要是只生活在回忆中，失去了希望，他的生命已经开始终结。回忆不能鼓舞我们有力地生活下去，回忆只能让我们逃避，好像囚犯逃出监狱。

有事做：

一个英国老妇人，在她身患重病自知时日不多的时候，写下了如下的诗句：

现在别怜悯我，永远也别怜悯我；

我将不再工作，永远永远不再工作。

很多人都有过失业或者没事做的时候，这时会觉得日子过得很慢，生活十分空虚。有过这种经验的人都会知道，有事做不是不幸，而是一种幸福。

能爱人：

诗人白朗宁曾写道：他望了她一眼，她对他回眸一笑，生命突然复苏。

生命中有了爱，我们就会变得谦卑、有生气，新的希望油然而生，仿佛有千百件事等着去完成。有了爱，生命就有了春天，世界也变得万紫千红。

最美的祷告应该是：主啊，求你让我有力量去帮助别人！

一个幸福的人，他必定是心怀希望，有事做，有一颗宽容之心的人。心怀希望，让我们在遇到苦难之时不至于一蹶不振，对生活仍然充满信心；有事做，让我们在生活中不至于空虚迷茫，有生活的方向；能爱人，让我们时时刻刻都充满爱意，不管是对生活，还是对周围的人，抱有一颗友善之心。只有这样，我们的心才能平静，我们的生活才会感到幸福。

忧郁是一种高级情感

社会节奏越来越快，人们对生活的要求也越来越高，烦恼也越来越多——工作不如意，想找一个更好的；情侣不满意，想是不是能遇到更适合的；有的在苦恼减肥，有的在逃避加班，有的忙于相亲……

在银行门口，遇到一个人，总觉得面熟。出来又看到他靠在一辆丰田车上抽烟，还是觉得面熟，便试探着问。他说，是我呀，我也觉得你面熟，不敢叫你。

他是我以前的一位同事，但我五年前辞职出来，就不知道他的境况了。交谈了几分钟，我知道他自己办了一家包装厂，生意不好不坏，就是累。他天天为钱奔波，不知何时是个尽头，说完他一声叹息。

他发动了车子，开了空调，让我坐到车里来谈，坐进车里，他还是喋喋不休地说钱难赚，人难做，压力大，无乐趣。但我只对他的车感兴趣，这车是最新款的，我就在遐想要是我开上这辆车，那真是一件享受的事情啊。

他从办厂不易，聊到了自己的健康已每况愈下，一想到自己的身体，他就整夜整夜睡不好觉。

就这样聊了半个小时后，我骑着电瓶自行车在烈日下回家，他开着他锃亮的小车回家。

走进家门，一想到他的忧郁，我心里就觉得空落落的。因为一个有车有房有事业，在社会上有头有脸的人，在为自己的将来想得茶饭不思，而我这样一个只求温饱，养家糊口的人，却还在没心没肺地快乐，这是多么的不可思议。

事实上，我没有权利忧郁。要生存，要养家，除了必要的休息，我必须努力工作，挺得住，有饭吃，挺不住，就歇菜。就像一个爬在悬崖上的人，你只有拼命往上爬，才有可能活下来，哪有可能悬在半空中后，停下来忧郁一把呢。

忧郁是一种高级情感，并不是一般人所能享受的。一个人有时间忧郁了，那我就要祝福他了。

对于很多人来说，他从不烦恼，不是他不想烦恼，也不是他没有烦恼，因为他没有时间烦恼，他的烦恼就是有一天有时间让自己去想自己有没有烦恼。忧郁不是一般人所能享受的，与其浪费一天的时间去忧郁，倒不如乐观积极面对生活，把生活中的烦恼解决掉。

诚信为本

所谓"诚信","诚"主要讲的是诚恳、诚实,不弄虚作假,"信"是讲信用、信任,不欺诈坑弱,做到诚恳待人,以信用取信于人,对他人讲信任。诚信是为人处世的行为准则,是真善美的具体表现。

这是5年前的事儿了。那时,大哥刚刚下岗,在县城的一个十字路口,租了一间铁皮小屋,卖些烟酒之类。

一天黄昏,一位中年汉子走到大哥的铁屋前。汉子放下手中沉甸甸的编织袋,从口袋里摸索出五毛钱,买了一包劣质的香烟,汉子抽出一支烟,点上,然后和大哥寒暄起来。从谈话中,大哥了解到,汉子就是我们县的人,刚刚从外地打工回来。汉子说,他的家距离县城还有二十几里的土路,汉子很犹豫地提出,能不能从大哥那里借一辆自行车,因为他已经坐了一晚上和一整天的车了。大哥看看夜幕已经降临,又打量着眼前这位陌生的民工,最后还是把他那辆"除了车铃不响哪儿都响"的东方红牌自行车推了出来。当时的大哥,确实多了一个心眼。他本来刚买了一辆新自行车,但是大哥可不敢轻易地相信别人。

汉子十分感激,说最晚明天上午就把车还回来。也许是由于匆忙,汉子并没有来得及留下他的姓名以及村庄,就匆匆地骑车走了。

晚上,当我的嫂子听说大哥把自行车借给一位陌生人的时候,和大哥大闹了一场,嫂子说我的大哥是榆木疙瘩不开窍,这回肯定被人骗了,不信等着瞧。

第二天上午,大哥焦急地等候在铁皮屋前,他多么希望那位汉子早点出现呀,然而,时间一分一秒地过去了,大街上人来人往,却没有那位汉子的身影。嫂子在一旁不断地敲敲打打、冷嘲热讽,大哥由沉默变得烦躁,又由烦躁变得愤怒。到了中午12点的时候,汉子仍然没有来,大哥终于绝望了,任凭嫂子把他骂得狗血淋头。

大概是在中午12点半的时候,那位汉子骑着车子忽然出现在大哥面前。汉子擦了一把脸上的汗水,连声说着:"对不起、对不起,来晚了。"大哥先是惊喜,但随之而来的是一股无名之火从心底升起。大哥厉声说:"对不起个屁!你耽误了我大事!"汉子很尴尬地站在一旁,手足无措,忽然,大哥灵机一动说:"这样吧,我不能把自行车白借给你,你得掏个钱,就算是车子的'折旧费'吧。"大哥很为自己的聪明得意,他知道,自己的这一招肯定会赢得老婆的赞许。果然,一直在旁边站立的嫂子,脸上顿时露出了欣慰的笑容。但是,那位汉子显然被这突如其来的变化搞蒙了,他嗫嚅着说:"行……你说……多少钱?"大哥说:"你拿20块钱吧。"汉子没有说话,从口袋里掏出两张10元的纸币,递给大哥。然后,汉子又说了一声:"谢谢你了,俺走了。"说完,汉子头也不回地融入人群之中。

看着汉子已经走远,大哥才转过身,把那20元钱狠狠地甩给嫂子。然后,大哥准备把车子往里推一下。忽然,大哥愣住了!因为他看到了一个崭新的车铃,用手一拨,发出一阵脆响。大哥再仔细一看,车子确实是自己的东方红,但是变化的不仅仅是车铃,还有两只崭新的脚镫子,刚刚上了油的链条以及擦拭一新的车瓦。

大哥一下子明白了。他一把抢过嫂子手中的20元钱,赶紧跑上街头。但是,那个汉子的身影已经无从寻觅。

如今,大哥自己开办了一家企业,企业红红火火。大哥多次对我说,那20元钱,是他一生的心灵折旧费。

而在大哥厂子的门口，我看到了四个大字：诚信为本。

做人要是不诚实，不守信，即使有再高的才能，都不值得认可，谁也不愿意与他交往，最终为世人所鄙视，被社会唾弃。诚信做人，我们要从自己做起，全社会都要行动起来，每个人都要做老实人，说老实话，办老实事，讲信用，守信义，使中华民族的这一优良传统得以发扬光大。

一双眼睛

衡量一个人的品质往往要看他暗中的举动。哲学家德谟克利特说："要留心，即便当你独自一人时，也不要说坏话或做坏事，而要学会在你面前比在别人面前更知耻。"

有一个出身贫困的孩子十分喜爱钓鱼，可是却从来没有钓到过一尾大鱼。在鲈鱼钓猎开禁前的那天晚上，他和母亲又来到湖边钓鱼。放好鱼线，安好鱼饵，一次次将鱼线抛向湖水中。

湖面十分平静，他和母亲守在那儿，等着鱼上钩。可是，很长时间过去了，没有一条鱼上钩。

就在他们准备回家的时候，鱼线突然动了。他拎一拎，发觉异常沉重，这肯定是一条大鱼上钩了。

他兴奋极了。急忙快速地收鱼线，线越收越短，湖面响起大鱼拍击水面的声音，母亲取出网罩上湖边准备套住它。

果然是条大家伙。母亲打开手电，照着鱼身，发现它是条鲈鱼，它银白色的鱼鳞闪耀诱人的光芒。

母亲看着夜光表，对孩子说："现在是10点。离开禁还有两个小时，孩子我们放了它吧。"

孩子说："不，妈妈，我们好不容易钓到它。"

孩子哭了，母亲安慰他："我们还会钓到更大的鱼。"

孩子环顾四周，湖边了无人影，夜色深沉。他对母亲说："别人不知道我们钓到了鲈鱼。"

母亲说："孩子，湖边没有眼睛，但我们心里有眼睛。"

在母亲的坚持下，鲈鱼被放走了。

30年后，这个小男孩成为纽约最著名的建筑师，他的作品遍及纽约。

没有人能理解出生在贫民窟里的男孩怎么会成为纽约的知名人士，受到民众的尊敬。更没有人会把他的成就与30年前那个夜晚联系起来。

时刻约束自己，该放手时一定要放手。这样一个能告诉孩子心里有眼的母亲，肯定会造就一个伟大的孩子。这一切，都在于放下。心中贪的欲念使我们放不下，内心的欲望与执着，使我们一直受缚，我们唯一要做的，只是将我们的双手张开，放下无谓的执着，就能逍遥自在了。

人生"宝藏"

生活中，人们在分析、解决问题的过程中，喜欢在一条路上直来直去，不懂得拐弯、调整方向，结果常常南辕北辙。因此，只有走出原来的老路，打破自己的思维定式，多角度去思考问题，才能得到想要的答案，甚至意想不到的奇迹。

传说在浩瀚无际的沙漠深处，有一座埋藏着许多宝藏的古城。要想获取宝藏，除了必须穿越整个沙漠，还必须战胜沿途那些数不清的机关和陷阱。沙漠里一没有饮水二没有客栈，要穿越它简直比登天还难，更别说去逾越和战胜那些重重的机关和陷阱了。

许多人都对沙漠古城里埋藏着的这一大批价值连城的财宝心驰神往，但却又没有足够的勇气和胆量去征服整个沙漠以及那些杀机四伏的陷阱机关。这批珍贵的财富，就这样在沙漠古城里埋藏了一年又一年。

终于有一年，一个勇敢的人从爷爷那儿听到了这个神奇的传说以后，便决计要去探寻这批财宝。他准备了充足的干粮和饮水，便独自踏上了艰辛而漫长的寻宝之路。

为了能够在回程的时候不至于迷失方向，这个勇敢的寻宝者每走出一段路，便要做一个非常明显的标记。

他试探着在沙漠中走呀走呀，虽然每前进一步都充满了艰险，但最终还是走出了一大段路来。就在古城已经遥遥相望的时候，这个勇敢的人却因为过于兴奋而不小心一脚踏进了布满毒蛇的陷阱，眨眼间便被饥饿凶残的毒蛇噬咬成了一具白骨。

过了许多年后，又有一个勇敢的寻宝人走进了这片荒无人烟的沙漠，当他看到前人留下的那些醒目的标记时，心里便想，这一定是有人走过的，沿着别人指引的道路行进，一定不会有错。他欣喜地沿着前人留下的标记走了一大段路后，发现果然没有任何危险。可就在他放心大胆地往前走时，一不留神，也同样落进了陷阱，成了毒蛇口中一顿丰富的美餐。

又是许多年过去，又一个勇敢的寻宝人走进了沙漠，他所选择的，同样是前面两人所走的道路。结果，他的命运也是可想而知。

……

最后走进沙漠的寻宝人是一位智者，当他看到前人留下的那一个个醒目的标记后，心想：这些标记不一定就那么可靠。前人所指引的路，不一定就是正确并且非常安全的道路。要不然，这些寻宝者为什么都一去不复返呢？于是，智者凭借自己的智慧，在浩瀚无际、险象环生的沙漠中，重新开辟了一条崭新的道路。

他每迈出一步都小心翼翼，扎实平稳。最终，这位智者克服和战胜了重重艰难险阻，抵达了埋藏宝藏的古城，取回了价值连城的宝藏。

智者在临终的时候，无限感慨地对自己的儿孙说：前人走过的路，并不一定就是一条正确的通往成功的路。万不可过于迷信前人，迷信既得的经验。

这位智勇兼具的智者叫什么名字，想来已经无关紧要，最为重要的是他同样给我们留下了一笔价值连城的人生"宝藏"，那就是他临终的遗训。虽然只是简单而朴素的遗言，却足以让我们受用一生。

前人的路标所指引的方向，也不一定就是正确的前进方向。要想挖掘人生的宝藏，就得勇敢地去探索，去开辟一条属于自己的新路。你要知道，已经被众人走过踏平的宽敞大路尽头，绝对没有价值连城的宝藏供你们采掘。即使果真有宝藏，那也早就被那些比你们更早地踏上这条道路的寻宝人采掘得一干二净了。

第三辑

它们，才是
我们的最爱

得不到的永远才是最好的，

看不清的永远才是最美的！

梦想中的永远是完美无缺的，

希望越多失望越多，

往事只能留着慢慢地回味。

它们，才是我们的最爱

得不到的永远才是最好的，看不清的永远才是最美的！梦想中的永远是完美无缺的，希望越多失望越多，往事只能留着慢慢地回味。

采访一位日本建筑师时，他对我说："那些没有机会盖的楼往往更能代表我自己的风格。"一想，很有道理。建筑设计师从不同的主顾那里承接工程，受到环境、周期等诸多条件的限制，再加上客户的审美观念与种种要求，到头来，那些能够落成的建筑往往是多方面因素相互妥协的结果。如果在主体精神上能够反映设计师的风格已是万幸，又怎能奢望理想的完整呈现呢？而那些被"枪毙"的作品，或许是由于预算过高，施工难度过大，或许是因为商业使用面积不足，主流审美观难以接受等原因，却可能是设计师最自由，最自我的表达。所以我想如果有一天，策展人能做一个建筑大师的未能实现的设计作品大展，一定会是一次充满想象力的视觉盛宴。

其实，女人与衣服的关系有时相当类似。你是不是与我一样，在衣橱里总吊着几件自己十分中意却从没有穿出家门的衣服？我们曾经咬牙跺脚，狠着心花了一大笔预算把它们买下来，却只有在独处的时候才拿出来穿上身，在镜子前左照右看。这件事本身就是男人们无法理解的事。

大约十年前，我在纽约曼哈顿著名的Burdorf Goodman百货店看中一件玫瑰红色的无吊带礼服，是那种既正又浓的玫瑰红色，它真丝质地，纱的内衬，使整个裙形挺括舒展。当我在试衣间穿上它时，兴奋得额头上竟沁出细汗来。身旁一位五十开外的女售货员，透过架在鼻梁上的镜片，若有所思地上下打量着镜中的我说："丫头，如果一个女人一生只能有一件礼服，就应该是它了。"我头脑一热，立马就付了钱。

可一晃十年过去了，我竟然没有一次在公开场合中穿过它，有时是因为场合不够隆重，它会显得有点"过"；有时是因为舞台背景颜色相近，它会被淹没其间；有时与搭档的衣服颜色"冲"了；有时嫌自己胖了些，想想不如减肥以后再穿吧。它在我心目中是一件完美的衣服，我总在等待一个完美的日子，但那个日子总相差那么一天。每当我在衣橱里看到它，就像与一位老朋友打过招呼。只见它一尘不染，风姿依旧，倒像是一面时光的镜子，照出自己的种种变化。或许在不久的将来，她的艳丽和张扬会让我胆怯，就越发不敢穿它了。倒是旁边那些黑的、白的、银的、金的颜色，长的、短的、不长不短的式样轮番变化着。今年喜欢的，明年不流行了。唯独它，永不过时，安安静静地等待自己的出场。

一件从未穿出门的衣服可以代表女人内心最深处的幻想；或许人的一生的最佳注释就是你想做却没有做成的事。有一次《天下女人》请来一位二十出头的小保姆。她平静地讲述自己的故事：她一直成绩优秀，本以为可以考上大学，但母亲遭遇的一场车祸让她必须辍学打工，维持生计。她来到北京的一户人家，主要负责照顾家中刚考上大学的男孩。两个年纪相仿的青年不同的机遇，没有让她轻慢自己的工作。她说："也许我永远失去了上大学的机会，可我毕竟有过那样的梦想，它让我在内心里与众不同。等我再攒一些钱，我要开一家小店，我相信我会把它经营得很好。"

这世上到底由什么来决定我们是谁？我认为大概有三类事：一、完成的事——世人以此来估量我们的成就与价值；二、不做的事——后人以此来评价我们的操守与底线；三、想做却没有做成的事——这常常是只有自己最了解、最在乎的事，是一个更真实的自我的认定。正如建筑师的空中楼阁，又如我的玫瑰色的礼服，还如小保姆内心的倔强与尊严。

它们，才是我们的最爱。

完成的事摆在面上，别人可以轻易看到结果；不做的事有好有坏，正所谓"君子有所不为，有所必为"；想做却没有做成的事则是心愿的纠结！三件事概括了人生存在的所有价值，无论什么事，做出后就只能交给别人评定了，历史莫不如此。至于未来，还是做一个真实的自己吧，不能避免，更没有捷径。

微笑的脸

现实生活中，无论真笑假笑，只要投入去笑都对身心有益。当感到失落、郁闷、难过时，对着镜子，咧嘴提起嘴角，眯起眼睛，尽量做出一个真笑动作，感受笑容带给你的放松与宽心，"微笑"也是制胜法宝。

有这样一个故事：

两只小狗，一只叫狄狄，一只叫笑笑，都在寻找朋友。狄狄来到多棱镜前。什么是多棱镜？多棱镜是依据物理光学原理制作的镜子，是一个镜子的组合体，能将镜子前的东西反射出一模一样的很多个。狄狄站在镜子前，看见许许多多的小狗，但它很快发现那些小狗对它并不友好，没有一点笑容倒也罢了，竟还对它怒目而视。狄狄气得对那些不友善的小狗狂吠起来，哪知道那些小狗也不甘示弱地朝狄狄狂吠。狄狄心想：这些小狗太凶，不适宜做朋友。于是垂头丧气地走了。

另一只寻找朋友的小狗笑笑也来到了多棱镜前。同样地，笑笑看到了许许多多的小狗。它非常友好地向它们打招呼，那些小狗也很友好地回应它，笑笑高兴极了，亲昵地去舔其中的一只小狗，而那些小狗一齐朝着笑笑吻过来。就这样，笑笑在"小狗"堆里玩了整整一天，和它们一起嬉闹着，蹦跳着，甭提多高兴了。因为它已经找到了朋友。

这是怎么回事？在同一个多棱镜前，为什么两条小狗看到的是完全不同的情景呢？

原来，狄狄找朋友时，怀着一颗戒备的心，它看到的其实是镜子里反射出的自己，它露出的不友好的表情，镜子原封不动地反射了回去；它恼羞成怒时，镜子再一次复制了它的态度。而笑笑怀着一颗乐观和友善的心——它向镜子里的小狗热情打招呼时，镜子热情地回应了它，接下来的事便显得理所当然了。

我们人也是一样的，别人的眼睛便是一面镜子，你不友好时，别人看在眼里，也会以不友好回应你，你投给别人一个微笑，别人看到了，又感应到他的内心，觉得很温暖，会很乐意交你这个朋友，久而久之，你的朋友将越来越多。

有一句成语——投桃报李。这句话可以是主动的，也可以是被动的。就是说，当你投给别人一个桃子时，别人便会回赠你一个李子。也可以说是，别人投给你一个桃子时，你应该回报给别人一个李子。生活就应该是这样善来善往。但实际上，我们往往总是埋怨别人怎么对你不好，却忽略了自己的一举一动一言一行。

古人言：以铜为镜，可以正衣冠；以人为镜，可以知得失；以史为镜，可以知兴衰。意思是从铜镜里，可以反映出你衣着的偏差，你应该予以纠正；从他人身上，你可以发现你不具备的品质或精神，也知道了你比别人更幸运的所在，你应该向他人学习并感恩；从过去朝代的更迭中，可以预见未来的民心走向和国家的兴衰成败。

请记住，铜镜是镜子，他人是镜子，历史也是一面镜子，微笑和恼怒，爱和恨，善良和丑恶都会是一面镜子。我们从形形色色的镜子里找到自己那张微笑的脸了吗？

拿破仑·希尔这样总结微笑的力量："真诚的微笑，其效用如同神奇的按钮，能立即接通他人友善的感情，因为它在告诉对方：我喜欢你，我愿意做你的朋友。同时也在说，我认为你也会喜欢我的。"你以什么样的态度去面对世界，世界就会以什么样的态度面对你；你微笑面对世界，世界就会以微笑回报于你。

婚姻的真谛

日常生活之中，因为，我们每个人的个性不同，爱好不同，喜好各异，所以，评判事物的好坏都有自己的标准。有些可能是偏激的，有些可能是不上档次的，但是，那才是最适合自己的，是自己需要的，在自己的眼里也是最美的。

一日，在咖啡座与细颈明子共进下午茶。

细颈明子在职总心电台中主持一项烹饪节目："持家有法宝，教你三两招"。

谈起婚姻生活时，风趣的细颈明子，作了一个精彩绝伦的妙喻：

"我的丈夫，好比是我脚下的一双鞋子。"

在我讶异地注视下，她言笑晏晏地说：

"在青春焕发的年代里，选择终身伴侣，就好像是选购鞋子。鞋店架子上所放置的鞋子，多种款式，多种质地，琳琅满目，叫人目不暇接。有些鞋子，款式绝佳，可是，质地不良，穿不了几次，便坏损不堪。有些鞋子，款式老土，但却经久耐用。邂逅我的丈夫时，我觉得他好像是摆在鞋店一隅的一双蒙尘的老鞋，不惹目，不起眼，拿在手上，还得大大地呵它一口气，才能把盖在上面的灰垢吹走而露出本来的面目。初买上手，嫌它老里老气；然而，旷日持久，却越穿越舒服。尽管外头鞋店的橱窗里摆着千百种款式的新鞋，可一点儿也吸引不了我；我总觉得这世上再也没有任何的鞋子比得上我家里的那双。当然，这些年来，我对于这双鞋子的保养亦是费尽心思的。它脏了，我为它去除泥垢，把它刷得干干净净；它湿了，我为它拭去水迹，让它恢复本来面貌；它旧了，我为它涂上鞋油，把它擦得光可鉴人。这双鞋子，我是准备穿它一辈子的哟！"

这一番妙言妙语，充分揭示了婚姻的真谛。

一双好的鞋子，还得碰上个真正的爱鞋人，才能相得益彰。

遗憾的是：许多找到鞋子的人，总是马马虎虎地凑合着穿。它脏、它湿、它旧？任由它去！刷它、拭它、擦它？嘿，那是上一辈子的事。

人生之中，最好的不一定是最合适的，最合适的才是最好的；生命之中，最美丽的不一定适合我们，适合我们的一定是最美丽的。俗话说："鞋子合适不合适，只有脚知道。"这句话说得很有道理，任何事情只有自己亲自尝试了，感同身受以后，才能知道适合不适合自己。

生命的声音

人生中的那些狂乱情感，不如有人所言，在那最困难的时候，有一个人相扶度过，那便是胜过了一生，别把情感看得太梦幻，生活总要归于柴米油盐，只有发现生命的美丽，我们才一直是年轻的。

她打小就喜欢收集各式各样的、五颜六色的贝壳。当她幸福地拉着他的手时，也以为他是一个宝贝。他知道她喜欢收集贝壳，然而他并不认为那是什么宝贝。他说那不过是在海滩边上拾来的，一个壳而已。

她说，她喜欢贝壳，是因为在那一层坚硬光滑的壳里面，会有怎样的温暖与温柔。她生日那天，他问她要什么样的礼物，其实，他知道她的答案，只是故意问了问她。他早已为她定好了一串用贝壳串连起来的风铃。她收到好多好多的礼物，唯独最喜欢的就是那串贝壳风铃。她把它挂在窗前，风轻轻一吹，发出一种美妙而动听的声音。

只要他陪她逛街，她并不是着急去看那些时尚的衣服，也不看时髦的皮包，而是去地摊上找有没有她要的"宝贝"。

可是天有不测风云，就在她准备嫁他的时候，一个女孩的意外出现，把他们7年的爱情画上了句号。分手那天，她特地戴了一只很夸张的贝壳手镯，她是来炫耀自己没有了他，她一样会过得很好。因为，这只贝壳手镯是当年追求她的一个男孩送给她的，他知道。怎样的爱情才能经得起风吹雨打？她想这样散了也好。而她屋子里的那些美丽的宝贝却是那样的坚硬与柔软。可是她总是记得,他曾对她说过的,要和她一起开一家贝壳专卖店的,他怎么就反悔了呢?

后来,她喜欢四处行走,一边带回她喜欢的贝壳。只是梦想中的专卖店,还是没有开起来。那种贝壳的美丽声音,她似乎也听不见了。

这一天,她走到了束河。她漫无目的地逛着,那些琳琅满目的店,让人爱不释手。然而,她喜欢的是贝壳。而这么大一条街,她却似乎没找到她所想要的。正失望之际,在束河的阳光里,似乎有种声音飘来。叮当、叮当……她不相信这么熟悉又陌生的声音。她立在那儿,细细地听了一会儿,顺着声音来到了一家店铺前,她惊呆了。店铺上方挂着漂亮的贝壳风铃,是一家贝壳专卖店。而风铃的下面,坐着的竟是当年的他。她没有向前,而是悄悄地退了回来。

而今,他开着这样一家贝壳专卖店,她知道这不是他喜欢的。可她却不是这家店的女主人。她也许不知道,他没有爱上她,却爱上了那些五颜六色的贝壳。

她回到家,把那个当年他送她的贝壳风铃,重新挂到窗前。叮当、叮当……听到这声音,她忽然记起,自己已经没有听见这种声音好多年了。隔壁的芳邻,正在把厨房弄得香味扑鼻,她忽然明白,其实,爱情也需要油盐柴米的串连,人间烟火的烹饪,这样才能发出那悦耳的声音啊。

像她收藏的海螺一样,在多年后还能发出大海的呼啸声。她也在多年后终于听到了自己的声音。其实,每一个人都拥有许多宝贝,即使是核没有了,可那坚硬的壳还在,那种生命的声音还在。

贝壳里面的肉体早已死去,在海浪的冲刷下生命的痕迹完全消失,但是它却给人们留下了一个完美的印象。我们面对人生坎坷之时,同样需要贝壳这样的坚持与追求,对任何事不应放弃,要细致认真、一丝不苟地完成生活给出的难题,不要让自己有任何遗憾。

爱是旅行中最好的伙伴

李安发表获奖感言说,别人在电影《少年派的奇幻漂流》里看到的是信仰,看到的是恐惧,而他则更关注电影里的"陪伴",他感谢妻子陪伴他30年,对他不离不弃,在他人生的低谷给他鼓励。一直以来,家人的爱和陪伴,是对我们最好的支持。

我是个商人,经常要到外地去洽谈生意,我觉得世上没有什么事情比跟一大群商人在某家汽车旅馆的咖啡店里一起就餐更令人感到孤独的了。

有一年,在我出差之前,我那五岁的女儿珍妮把一件礼物塞到我的手里。它外面的包装纸皱巴巴的,用了至少一英里长的磁带把礼物包裹成一团,无角无棱,不成形状。

我给了她一个大大的拥抱,随便在她脸颊上亲了一下——就是那种父亲通常给予女儿的亲吻——然后开始动手拆开她送给我的小包裹。我感觉到里面的东西很柔软,因此我很小心,生怕把礼物弄坏。在我拆开她送给我的惊喜的时候,她站在我身旁,身上穿着那件稍稍显小的睡衣。

最先露出来的是一双珍珠般的黑色眼睛,然后是一个黄色的嘴巴,一个红色的蝴蝶领结,和一双橘黄色的脚。原来它是一只玩具企鹅,站起来大约有五英寸高。

它的右翼上用糨糊粘着一个小小的木头牌子,糨糊仍然是湿湿的,木头牌子上有手写的一句话:"我爱我的爸爸!"在它的下面是一颗手工绘制的心，并且用蜡笔涂上了颜色。

　　眼泪顿时涌出我的眼睛，迷糊了我的双眼，我立即在梳妆台上为它选了一个特殊的位置。

　　我总是频繁地出差，每次出差回来在家里的时间总不会很长。一天早上，我收拾行李的时候把那只企鹅扔进行李箱里了。那天晚上，我打电话回家，珍妮显得很沮丧，她说那只企鹅不见了。"亲爱的，它在我这儿。"我解释道，"我一直带着它呢。"

　　从那以后，她总是帮我整理行李，亲眼看着那只小企鹅和我的袜子、修胡子的工具一起放进箱子里。在其后的许多年中，那只小企鹅伴随我走过了千万英里的路程，从美国到欧洲，跨越了千山万水。我们一起在旅途中结识了很多朋友。

　　有一次到阿尔伯克基，我在一家旅馆里订好房间后，就扔下行李，匆匆赶去参加事先约好的约会。当我回到旅馆里，却发现床铺已经铺好，那只企鹅正靠在枕头上呢。

　　有一次在波士顿，一天晚上我回到我的房间，发现有人把它放在床头几上的一只空酒杯里——它还从来没有站得那么直呢。第二天早上，我把它放在一把椅子里。可是到了晚上，却发现它又站在那只空酒杯里了。

　　有一次在纽约的肯尼迪机场，一位海关检查员冷冷地要求我打开行李箱检查。我打开了，在我的行李箱顶部，就放着我那亲密的小旅伴——女儿送我的企鹅。海关检查员把它拿起来，笑着说："这是我干这一行以来所见过的最有价值的东西。感谢上帝！我们对爱不收税。"

　　有一天晚上很晚的时候，我打开行李箱，突然发现我的企鹅不见了，那时我从所住的那家旅馆已经驾车行驶了一百多英里。

　　我慌忙给旅馆打电话，接电话的旅馆职员不相信我说的话，他态度有点儿冷淡，他大笑着说还没有人把它交到他那里去。但是，半小时之后，他打电话来说我的企鹅被找到了。

　　那时候时间已经很晚了，但我不在乎。我坐进汽车，开着它行驶了几个小时，只是为了重新找回我的旅行伙伴。

　　我到达那里的时候已经临近午夜了。那只企鹅正坐在旅馆的前台上等着我呢。在休息大厅里，疲惫的商人、旅行者们看着我们的重逢——从他们注视着我的眼神里，看得出他们很羡慕我。一些人走过来和我握手，其中一个男人告诉我，他甚至自愿要求在第二天亲自把它给我送过去。

　　珍妮现在已经上大学了，我也不再像以前那么频繁地出差了。在多数时间里，那只企鹅是坐在我的梳妆台上了——它暗示着爱是旅行中最好的伙伴。在过去那些奔波在旅途中的岁月里，它一直陪伴着我。

　　一辈子的爱，不是轰轰烈烈，而是细水长流。越平凡的陪伴，越默契的陪伴，就越长久。一生无数邂逅，能在困苦之时一直陪伴左右的人并不多，或许人的一生没有找到自己认为的真爱，但一份长长久久、平平淡淡、不温不火、不离不弃的陪伴，才是一份最好的爱。

他是谁？谁解他

梅兰芳是一个勤勉好学的演员，从青年时代起就认真钻研古典文学、国画、民族音乐、民族舞蹈、民俗学、音韵学和服饰学等多方面的祖国传统文化，并把这些知识融合到他的艺术中去，从而创造了大量优秀剧目，形成了具有独特风格、大家风范的艺术流派——梅派。

他永远在台上演戏，台下观众换了一拨又一拨。皇亲国戚、军阀豪强、文人学生、市民百姓，甚至流氓乞丐，在他的音韵里稍作停留，寻得几分逸乐。

二胡奏起，锣鼓响起，他粉墨登场，变成了"她"，是杨玉环，是赵艳蓉，是虞姬……

他是谁？谁解他？"你看我非我，我看我我亦非我；他装谁像谁，谁装谁谁就像谁。"这副对联，他生前经常吟诵。

[梅先生就是死学，学得瓷实]

1904年，北京前门外肉市街路东广和楼茶园，一个孩子被一双大手抱上椅子，踏上舞台。这是他第一次登台，串演昆曲《鹊桥密誓》中的织女。面对台下黑压压的观众，他紧张又兴奋，口里唱得顺溜，心中不知何味。这一年他才10岁，家境已窘迫到了他必须出来谋生的地步。

他姓梅，出生于梨园世家，本名澜，字畹华，又字浣华，兰芳是日后的艺名。祖父梅巧玲是一代名伶，进宫演戏时讨得慈禧欢心。伯父梅雨田，武场文场、胡琴月琴样样精通，有"六场通透"的美誉。父亲梅竹芬兼通昆曲京剧。

梅家由伯父梅雨田掌管，他一生只好技艺，不擅管家，家境衰落。畹华4岁丧父，15岁丧母，却是两房唯一的男孩，自然肩负众望。

畹华8岁时，家里为他请了老师开蒙，教的是《三娘教子》一类的老段子。谁知教了多时他还不能上口。老师索性撂挑子不干了，扔给他一句话：祖师爷没赏你这口饭吃！

第二年，畹华师从名旦吴菱仙。吴菱仙先把剧情说与学生听，待他们背得滚瓜烂熟之后，再教唱腔，每段唱腔学生们至少反复唱上几十遍。吴先生常对畹华念叨，他的祖父梅巧玲是圈内有名的"义伶"。无法唱戏时，他宁肯举债告贷，也不肯委屈戏班里的人。吴菱仙受其恩惠，誓将畹华培养成角儿。

14岁时，畹华搭班"喜连成"。刻苦演戏过程中，悟出学戏要先看戏。看不同行当、不同好角的戏，用心揣摩、分析。久而久之，"一招一式、一哭一笑都能信手拈来"。他跟姑父秦稚芬、丑角胡二庚学花旦；跟名角儿茹莱卿、路三宝学刀马旦；跟有名的架子花脸钱金福学武生；跟青衣代表人物陈德霖与名净李寿山学昆曲；最后又师从王瑶卿学习"花衫派"，来者不拒，博采众长。这一年，他改艺名为梅兰芳，表演风格定位于"大青衣"。

梅兰芳17岁那年发生三件事："倒仓"（京剧男演员青春期的变声现象，表现为声音低粗，是演员职业生涯的重要时期，过渡不好嗓子就"废"了，再不能唱戏）、娶妻、唱响新腔《玉堂春》。

"梅先生就是死学，不取巧，学得瓷实。"琴师姜凤山说，梅兰芳向路三宝求学，"路先生一见到他，开口便道，瞧你这德性，癞眼边，招风耳，还唱戏呢？他磕头作揖，央求人家。人家说他哪儿不好，他就去改。"通过养鸽子极目远眺，梅兰芳改变了眼皮下垂的毛病。后来他在路三宝的相片下标示"恩师难忘"。

据说，"当他于1913年在北京怀仁堂唱'思凡'时，华北为之轰动。上至总统、内阁总理……在前三排席位里，你可找到蔡元培，一代文宗梁启超，状元总长张季直……"

也是这一年，梅兰芳以《穆柯寨》在上海打响，获"寰球第一青衣"的美誉。此后，在所谓"四大名旦"评选中，他始终名列榜首。

[表演平平的人为何风头这样劲]

梅兰芳能有如此成就，"其中极其重要的因素是无数能人、高手无条件地把自己独到的智慧和强大的财力输送给梅兰芳。恰逢梅本人又是个绝世天才，在这个天地里，梅兰芳是艺术的主宰。"这些"能人高手"，被称为"梅党"。银行家冯耿光为他慷慨解囊，而"花衫派"创始人王瑶卿，海外归来的编剧齐如山，"文案班头幕僚长"李释戡等都成了他的艺术顾问。

一次，育化小学筹款，梅兰芳与人合演《樊江关》。当天他赶赴三家堂会，该唱时还未赶来。校方就通知观众，梅兰芳可能赶不过来。观众大声起哄，要求退票。吵嚷了半小时，有人报告说梅兰芳已到，一场风波才终了。

看完梅兰芳的表演，齐如山很好奇，一个表演平平的人为何风头这样劲？京剧好角儿有六个点：嗓音、唱功、身材、身段、面貌、表情。嗓音、身材、面貌以天赋为重，梅兰芳"天才太好"。彼时他的唱功、身段、表情还不够水准，但这是后天努力可以改良的。

梅兰芳演出《汾河湾》后，针对这出戏历来青衣表演上的不足，齐如山给他写了封3000字的长信。"过了十几天，他又演此戏，我又去看，他竟完全照我信中的意思改过来了。"齐如山来了兴致，其时梅兰芳在北京可以算是最红的演员,"竟肯如此的听话","便想助他成为一个名角"。由此齐如山每看一戏必写一信,写了百十来封,"我怎么说,他就怎么改"。

梅兰芳早年出入"明堂",稍有不慎,即面临台下受辱的境地,他也由此锻造得"有火从来不挂脸。"齐如山与李释戡发生口角时,梅兰芳首先"示弱";琴师徐兰沅与王少卿之间产生误会时,梅兰芳首先说错在自己;在家中,下人都能同他高声讲话……梅兰芳宽和得像尊菩萨,仿佛在台上唱够了,下了台就应该不说话的。

[下个星期你们每人做件新衣服,梅兰芳要来了]

1919年、1924年梅兰芳两次访日,大获成功。其后,两任美国驻华公使邀请他赴美演出。他感谢着,心动,却未贸然行动。

"那时的纽约城,中国人是以经营手工操作的洗衣作坊和供应杂碎式的中国菜的小餐馆而闻名的。为着猎奇而去唐人街参观的旅游者,总是耸人听闻地传播关于鸦片烟馆和赌窟的神话……"胡适、张伯苓等人在美国发起"华美协进社",更希望"通过演出一台既有艺术魅力,也有教育意义的中国戏剧,改变美国人对中国文化根深蒂固的传统偏见"。

筹旅费,做宣传……1929年11月,梅兰芳正式对外发布赴美消息。次年元月,他率老生王少亭、花脸刘连荣、武旦朱桂芳等人先抵达上海。这时,齐如山向他呈上了美国方面的电报:美国正值经济危机,市面不振,请缓来。

不管怎样,一行人还是登上了轮船。几番辗转,2月8日抵达纽约。恭候梅兰芳的,除已故总统威尔逊遗孀组织的欢迎队伍,还有《纽约时报》的负面消息:"你们要看东方的戏剧,就要不怕烦躁,看烦了,朋友,你就出去吸几口新鲜空气……梅氏扮成女人,但全身只有脸和两只手露在外面。"

然而，梅兰芳征服了纽约观众。《刺虎》完毕，"贞娥"在台上谢幕15次之多。进去卸装，掌声依然不断。"她"只得穿着长袍马褂，再次出来谢幕。观众冲到台上将他团团围住，不流利地叫着他的名字：梅兰芳。《纽约世界报》说：梅兰芳出现在舞台上3分钟后，你就会承认他是你所见到的最杰出的表演艺术家之一。首演大获成功，"梅兰芳"三个字风靡纽约，原计划在纽约献演两周，后增至五周。

"下个星期你们每个人做一件新衣服，梅兰芳要来了，我们美国妇女不能输给他。"旧金山市长向全市妇女号召。彼时梅兰芳还在芝加哥，之后他在旧金山待了两周，又去了洛杉矶、檀香山。

美国之行的意外收获是，两家大学授予梅兰芳博士学位。

5年后，梅兰芳又登上了苏联派来的"北方号"轮船。他与老作家高尔基相聚，与艺术大师斯坦尼斯拉夫斯基、德国戏剧大师布莱希特切磋技艺，还与大导演爱森斯坦合拍过一天的《虹霓关》，虽然最终没获得官方批复。随后，他又游历了波兰、比利时、意大利、法国，并在英国拜访萧伯纳、毛姆等著名戏剧家。20世纪40年代，郭沫若访苏回来后说："苏联人只知道鲁迅与梅兰芳。"

[这个口子真是开不得]

1931年9月18日晚，少帅张学良在前门外中和戏院订了三个包厢，专听梅兰芳的《宇宙锋》。演到张学良最喜欢的一场时，他竟匆匆离去。这让梅兰芳有点儿纳闷。第二天，报上登出了"九·一八"事变的消息。预感北平也不太平，第二年梅兰芳举家迁居上海。然而还是避之不及，淞沪战役后上海被日军占领，事业处于鼎盛期的梅兰芳，面临为侵略者唱戏的窘境。

其实，梅兰芳与日本渊源颇深。两次访日，日本皇室成员特定第一号包厢观看他的演出，歌舞伎名家向他讨教，媒体报道他的技艺是"天斧神工"。正因访日成功，他在北京的府第才成为名流云集的所在。但眼下，日本人成了侵略者。

有人对梅兰芳说："上海沦陷了，日子还得照过，做生意的照样要做，唱几场营业戏，是给大众看的，又不是专给日本人看的。"最后，冯耿光说："虽然是营业戏，可梅兰芳这次出台了，接着日本人要你去唱堂会，去南京去东京去'满洲国'，你又怎么拒绝呢？"

夫人福芝芳回忆说："我悄悄地提醒他，这个口子可开不得。"梅兰芳站起身来，大声说，"我们想到一块去了，这个口子真是开不得。"

1938年，率团到香港演出后，梅兰芳一人留下了。他每天深居简出，夜深人静时，才拉起厚厚的帘子，偷偷地吊嗓子。为了打发时光，他集邮、学英语、重拾画笔。福芝芳带着儿女们看他，一天孩子们发现，父亲不再像往常一样刮脸了。以前他很在乎，常用小镊子严防胡茬儿冒出。他说："我留了小胡子，日本人来了，还能逼我唱戏么？"

日本人还是找上门来。一个叫黑木的上海社保局日本顾问，居然找到香港来了，开口即是日军驻港司令酒井想见他。

梅兰芳一进门，酒井就注意到了他的胡子。梅兰芳道，我是个唱旦角的，年纪老了，扮相不好看，嗓子也坏了，已经失去舞台条件，唱了40年的戏，本来也该退休了，免得丢人现眼。软钉子噎得酒井司令无法动怒，以梅兰芳的国际声望，他一时不敢轻举妄动。

1942年，梅兰芳回到了上海，这里比香港更紧张。为了让梅兰芳重新出山，有人为华北驻屯军报道部部长山家少佐献计，"他说他年纪大了不能再登台，那就请他出来讲一段话，他总不能再找理由推辞了吧？"

梅兰芳犯愁，就让私人医生注射了三剂伤寒预防针。梅兰芳自幼有个毛病，一打防疫针就会高烧不止。他如愿病了，日本人去梅家打探：梅兰芳高烧42度，还有伤寒，需要长期休养。

总算逃过一劫。可是，身为一家之主、一团之主，好几十张嘴等着他。为了生活，梅兰芳变卖起了家中的古玩玉器。上海各大戏院的老板都找过他，一次演出就能让他支撑一年半年，他却决定卖画。他曾师从齐白石等名家，擅画仕女、佛像以及花卉。

1945年8月15日，日本宣布无条件投降，梅兰芳复出的消息不胫而走。他嘴上的小胡子刮掉了，人也神清气爽。为了恢复嗓音，琴师姜凤山想出一套方法，每次调高一点儿又不让他知道，这样慢慢练着练着。尽管没有恢复如昔，他的演出仍场场爆满。他们看的不是戏，而是他梅兰芳。

梅兰芳回到了久别的北平，飞机在南苑着陆时，"在那批名流、记者的后面总是站着些皓首苍颜、衣衫褴褛的老梨园。在与那些欢迎人员握手寒暄之后，梅兰芳走到这些老人们的面前，同他们殷殷地握手话旧。他们有的是他父执之交，有的是他的旧监场，现在冷落在故都，每天在天桥赚不到几毛钱，一家老幼皆挣扎在饥饿线……每逢严冬腊月，梅兰芳孝敬他们的红色纸包儿，那里面的金钱往往超过他们几个月的收入。"

章诒和说："梅一生视艺术、江湖情义、家族高于个人。他下面有上百号人，牵一而动百啊。"

[我不挂帅谁挂帅]

1949年10月1日，梅兰芳以全国政协委员身份参加开国大典。1953年，他被推选为全国文联副主席、戏剧家协会副主席。次年又当选为政协常委，中国京剧院成立后又任院长。

"我不挂帅谁挂帅，我不领兵谁领兵。"1958年，梅兰芳将豫剧《挂帅》改编成京剧《穆桂英挂帅》，除保留这两句台词外，其余重新编写。解放后，这是他唯一编排的新剧，也成了他的绝唱。

梅兰芳非常忙，但他仍专门抽出时间，看关门弟子李玉芙表演自己一生的最爱《宇宙锋》。看完表演，梅兰芳不厌其烦一一讲解。"他就是这样，不管别人演得多差、做了什么错事，他总是说不容易啊。"

1959年，梅兰芳北上演出。演出后，他的衬衫湿漉漉的，像从水里捞起来似的。梅兰芳不以为然，但第二天一早醒来感冒了。"他足足愣了五分钟，然后深深叹了口气，自言自语说，想不到我的身体已经脆弱到这步田地。"

一年后，他的左胸开始疼痛。再过一年，疼痛加剧。演完最后一场《穆桂英挂帅》后，他被确诊患有心脏病。

1961年8月8日凌晨，梅兰芳辞世。

我们今天呼唤梅兰芳大师，不是简单机械地重复或"克隆"他，而是要大力倡导像他那样做人从艺，不走捷径，不抄近路，孜孜不倦，永无止境地追求艺术的完美；像他那样夯实基础，吃透民族传统，不仅继承全面，而且善于广采博取，革新创造，坚持"移步不换形"，在师承中创造、展现个性。

群众演员

苏轼在他的《赤壁赋》中这样说过:"寄蜉蝣于天地,渺沧海之一粟。"可见生命的短暂与脆弱,一脚可以踩死一只蚂蚁,伸手可以折断一只花。而蜉蝣呢,只有一晚上或几个小时的生命。可是,只要你坚强,生命再短暂脆弱,也能活出不朽。

那年我在北京写剧本,住在右安门一个老旧的居民区里。我租的那套房,大约40平方米,每月要1000元。作为没有任何经济来源的"北漂族",这个数字无异于泰山压顶。我写出告示邀合租者,并说明我的"编剧"职业,以证明我的教养。

仅仅过了一天,就有人打电话来,听声音是一个小伙子,口气异常谦恭。在证实了我是一个编剧后,立刻就同意合租。我有些纳闷。

他叫李强,当天晚上,他就跟我商量:江哥,以后我们自己做饭吧。换煤气的事由我来,我有的是力气;只要我不外出,饭也由我烧,江哥你是写剧本的,你就安安心心写,行不?

行当然是行的,只是我从来也没想过,在异地他乡,竟然碰上这样一位好兄弟。

他外出的时候不太多,但要出去就是整天不归。每次回来,他虽然带着笑脸,但眉眼里的疲惫和沮丧显而易见。有天深夜,我听到他开门进屋,一边热我留给他的饭菜,一边轻轻地哼歌:为了超越平凡的生活,注定暂时漂泊。

这两句歌词，唱到我骨子里去了，唱得我差点掉泪。我走出卧室，想好好跟他说说话。他告诉我说，他出去找活做，又没找到。他身上很脏，布满灰土。

你……找什么工作？

演员，我从小的理想就是当演员！他露出羞涩的微笑，眼神却很坚定。

原来是这样。

我来北京已经5年了，他接着说，当了几回群众演员，播放的时候连我的影子也瞧不见。有一次终于有了我的镜头，还是个特写，可是……那回我演的是个蒙面人。

说到这里，他很愧疚地望着我：江哥，我来跟你住，就是希望能在你的剧里演个角色，你不会……

我知道他想说什么，我心里很酸。

有件事我一直想问你，他犹疑地说，你剧本里有水戏吗？我在黄河边长大，扳舵使桨搏浪击水，都是一把好手。如果我演水戏，肯定演得像模像样！

我说，有啊，只不过是长江不是黄河。我本来只准备写三场水戏，干脆再多加几场。到时候，我一定把你推荐给导演。

他眼睛一红：江哥，我真想喝酒。我说，别喝了，你也累了，该休息了。看你这样子，是从建筑工地上下来的吧？他老老实实地承认了，说平时无以为生，就去工地上挣点饭钱。

他洗碗的时候，我回到了卧室。坐在电脑前，我心里格外沉重。为让他高兴，我说了大话。他哪里知道，此前我写过6个剧本，都无一被人看中。我跟他一样，都是芸芸众生里的蒙面人。

我们都是一样的，都是人海中最普通的一员，我们需要为生活而奔波，在成功后会得意，在失败后会痛哭，也会失败后再次爬起。我们看起来毫不显眼，但是我们的生命力非常顽强，我们就像匍匐在地上的小草，任凭雨打风吹，雨过天晴后终究会挺直腰杆沐浴阳光。

小女人的独特人生

音乐剧第一夫人忆莲·佩姬说过,"不甘矮小,就请站到舞台中央。"是啊!人就是要勇于挑战自己,当突破了困扰我很久的障碍时,你会发现你的世界将变得更加的开阔,你的人生将变得更加的精彩。

忆莲·佩姬出生于伦敦北部郊区的一个小镇,19岁时从戏剧学校毕业后,就踏入了戏剧领域。此后五六年的时间里,她总是出演一些微不足道的小角色,再加上她身材矮小,直到二十多岁还在儿童剧中扮演替身。困境中,她的要求非常低,不管多么不重要的角色,只要有份事做就可以。那段时间,她几度失业,连最基本的生活也保障不了。由于经常会失业,她甚至苦练网球,想成为运动员。但是,朋友们劝她:"你甚至看不到球网另一边的事情,怎么可能当网球运动员?"最后,灰心的她只好放弃自己喜爱的戏剧,转向电视发展。

就在此时,著名音乐剧作曲家安德鲁·韦伯和他的黄金搭档剧作家提姆·莱斯创作的音乐剧《艾微塔》在招演员,忆莲抱着试试看的态度也报名了,当提姆·莱斯看到这个矮小女孩的表演后,立刻认定她就是出演女主角艾娃·贝隆的最佳人选。从500多名竞争者中赢得了这个角色,忆莲激动异常。在她第一次听到这部作品的音乐和旋律时,她一下子就爱上了这部作品,觉得自己的一生都在为这个角色做准备。原来,她饰演的艾娃个子也不高,而且艾娃在舞台上的激情、活跃、精力充沛的风格也和自己差不多！她想，属于自己的时刻来了。幸运之神终于降临到这个矮小的女孩身上！这十几年来，她参加了无数个剧组的选拔，都是因为自己的矮小被人忽视，她太需要证明自己。她想："这一次，我一定要站在舞台中央，用优美动听的歌声告诉大家，我不矮小！"

1978年6月，已经30岁的忆莲在爱德华王子剧院，经历了人生中最重要的转折时刻，音乐剧《艾微塔》一经上演便轰动了伦敦，一时间，各大媒体记者竞相追随着这个小个女子。她突然意识到，她不仅饰演了她所渴望的音乐剧角色，她的生活也一夜之间发生了巨大的改变，这令她有点手足无措。

第一次在舞台上担任主角，忆莲扮演身世复杂、风华绝代、充满传奇色彩的阿根廷第一夫人，这对她来说的确充满了前所未有的挑战和刺激。她在《艾微塔》中首唱的《阿根廷别为我哭泣》，迅速成为全世界最红的音乐剧插曲，而她的表演，更在举手投足之间演绎着这位传奇女性的坚毅与脆弱、成功与无奈、幸运与不幸——被艺术化的贝隆夫人形象深深地留在了人们的心中。

"不甘矮小，就请站到舞台中央。"从此，忆莲·佩姬每天都不忘这样鼓励自己。1981年，音乐剧《猫》中的主演在排练时意外受伤不能演出了。而此时，距离开演的时间只剩一个星期，韦伯和有"音乐剧教父"之称的麦金托什毫不犹豫地邀请忆莲·佩姬前来"救火"。没想到，《猫》的主题歌《回忆》，经她一唱，便永久流传。1986年，忆莲·佩姬在《棋王》中再度担任女主角，一曲《我对他如此了解》，立刻登上当年的流行排行榜，并成为世界上发行量最大的女声二重唱歌曲。

2008年是忆莲·佩姬从艺40周年纪念，她正带着一台全新的周年演唱会在世界范围巡演。这台演出不仅浓缩了忆莲·佩姬本人40年音乐剧人生的璀璨回忆，还汇集了当代音乐剧的诸多经典名曲，可以视为一幅英美音乐剧半世纪的辉煌剪影。12月16日，忆莲·佩姬上海音乐会在上海歌剧院的大舞台演出，一个小女人以自己独特的人生"歌剧"震撼着大上海。

忆莲·佩姬，一个矮小女子，因为站在舞台中央坚持着、歌唱着，她最终被公认为"英国音乐剧的第一人"，英国女王还授予她大英帝国女王勋章。

如果一个杯中，只装了石头、水或沙子，似乎太过单调，不够充实，只有一个杯子中既装了石头、沙子，又装了水，才能达到真正的"满"。所以，我们不能局限于自己的某一个优点，要敢于突破自己，才能登上人生的高峰，若自己只满足于片面，不但登不上那人生之巅，甚至会狠狠地摔下，那么怎样才能突破自我呢？

我可以得到这份工作

苏轼说过,夫天地之间,苟非吾之所有,虽一毫而莫取。这便是一种自食其力的思想,这句话告诉我们,生活要自食其力,不能不劳而获。否则,你就会丧失做这件事的技能或本能,最终一事无成。

夏天,奥尔·康迪伊身无分文地在伍尔沃思家的店里闲逛。他看见一把小铁锤,那不是玩具锤,是他朝思暮想想得到的一把真锤子。他相信它是能砸烂一切、用来创造一切的锤子。他已经从福利包装厂里收集了一些木匠们工作时漫不经心丢掉的头等铁钉。他相信有了这把10美分的铁锤,他一定能用黄杨木和钉子做出东西来。

他不顾一切拿了锤子,悄悄往工作裤的口袋里塞。就在这时候,有个人一句话没说,紧紧地抓住他的手臂,把他推进商店后面的一间小办公室里。

办公室里正在看文件的老头站起来,上下打量奥尔·康迪伊。

"他偷了什么?"

"一把锤子。"抓他的年轻人愤怒地看着奥尔。"拿出来!"他命令道。

奥尔从口袋里拿出锤子,递给年轻人。年轻人恶狠狠地说:"我真应该用锤子砸碎你的头!"

年轻人走出办公室,老头坐下来继续工作。当他再抬起头看这位小偷时，奥尔·康迪伊已在办公室里站了15分钟。

最后，奥尔说："我没打算偷，我需要这把锤子，但没带钱。"

"没有钱并不意味着你有偷东西的权利，是吗，胆大的小鬼？"

"是的，先生。"

"那么，我该怎么办？把你交给警察？"

奥尔闭口不言，但他的确不想见警察。他对此人顿生恨意，但他更明白其他人可能比这人的做法还要粗暴，便强压了火。

"如果我放你走，能保证不再到店里偷东西了吗？"

"我保证，先生。"

他自由后做的第一件事是放声大笑。但这笑声并不是幸运的宣泄，而是对自己被羞辱的自嘲和深深的内疚，因为拿不属于自己的东西并不是他的本性。

奥尔走过3条街后，决定先不回家。他转身又朝伍尔沃思家的店走去。他相信他打算回去是想对那个抓他的年轻人说些什么，然而，他又不敢肯定，他是不是想回去再偷那把欲罢不能的锤子，而且这次绝不会被抓住。

到了商店外面，他反而不紧张了。他站在大街上往商店里看了至少10分钟。突然，他感到一点内疚，最后他没有勇气再去做偷盗的事。他又开始往家走，脑子里一片混乱。

到家后，他没有勇气进门。他对着院子后面的一个水龙头喝了很长时间的水。喝完水，他坐到菜园的芹菜地里，拔出一把芹菜，细细地嚼。妈妈辛勤劳动种出的菜，特别清香。

随后他进了屋，告诉妈妈今天发生的事情，甚至连他被放了以后还想回去再偷那把铁锤的想法也告诉了妈妈。

"我不愿意看到你偷东西，"母亲说，"这有1角钱，你去拿回那把锤子。"

"不，"奥尔·康迪伊说，"我不会拿你的钱买不是我的确需要的东西。我只是想应该有把锤子，这样我可以做我喜欢的东西。我有很多钉子和黄杨木，但没有铁锤。"

奥尔走出屋子，坐在台阶上。他蒙受的耻辱现在开始真正地伤害他。他决定沿铁路线慢慢走到福利包装厂去，因为他需要认真考虑一下。在福利包装厂，他看到约翰尼·盖尔正在钉木箱。他看了大约10分钟，但是约翰尼忙于干活根本没有注意到他，甚至没和他打招呼。奥尔·康迪伊终于又抬脚回家，他不想让正在勤奋工作的人注意到他袖手旁观，招惹又一次耻辱。

妈妈早上5点起床的时候，奥尔已经不在家了。"他真是个不安分的孩子，整个夏天都不停地动。他总是做错事，总是吃苦头，刚开始偷东西就被抓住了，让他再倒霉去吧！"妈妈发着牢骚，匆忙赶去工作。

母亲回家时已经是晚上9点。她看见儿子用锤子把两块黄杨木钉到一起，他在做板凳。他已经浇了菜园子、整理了院子，家里院子里都很干净。儿子看上去很认真也很忙。

"你在哪儿弄的锤子，奥尔？"

"在商店。"

"怎么弄到的，偷的？"

奥尔·康迪伊做好了板凳，他坐在板凳上。"不是，"他回答说，"我没偷，我在商店工作换来的。"

"就是昨天你偷东西的那个店？"

"是的。"

"太好了，"妈妈说，"为了这把小锤子你工作了多长时间？"

"一整天，"奥尔说，"我工作了1小时后，克莱墨先生就给了我这把锤子，但是我还想继续干。昨天抓我的那个家伙教我怎么干，工作结束时他把我带到克莱墨先生的办公室，告诉克莱墨先生我干活很努力，起码应该得到1块钱。所以，克莱墨先生就给了我1元钱，并告诉我说，商店里每天都需要像我这样的男孩，工钱每天1元，克莱墨先生说我可以得到这份工作。"

"太好了,你可以为自己挣点钱了。"妈妈异常兴奋地说。

"但我没要克莱墨先生的钱,"奥尔·康迪伊说,"我告诉他们俩,我不想要这份工作。"

"你为什么这样,每天1块钱对一个11岁的孩子来说是一大笔钱!"

"因为我只想得到这把锤子做我喜欢的东西。"

"我只看了他们一眼,拿起锤子,走出店门,回到家我便做了这个板凳。"

奥尔·康迪伊坐在他自己做成的板凳上,呼吸着芹菜园里的芳香,望着星空,再也没有了昨天的耻辱。

在这个社会中,有太多所谓的"捷径",我们要学会汲取前人的经验,但不是坐吃山空,吃掉前人的劳动成果;或者守株待兔,寄希望于天上掉下的鱼肉。我们自己有手有脚,有不输于他人的头脑,为何不自己动手,自己学习一门技能,自食其力,用自己的劳动来换取自己想要的物质呢?

寻找珍爱

爱是人类最美的感情，韦唯唱着："只要人人都献出一点爱，世界将变成美好的人间。"是啊，手牵手吧，我的朋友，爱永远在你左右，牵着我的手，看明天的彩虹。

在我遇见班奇太太之前，护理工作的真正意义并非我原来想象的那样。"护士"两字虽是我的崇高称号，谁知得来的却是三种吃力不讨好的工作：替病人洗澡，整理床铺，照顾大小便。

我带上全套用具进去，护理我的第一个病人——班奇太太。

班奇太太是个瘦小的老太太，她有一头白发，全身皮肤像熟透的南瓜。"你来干什么？"她问。

"我是来替你洗澡的。"我生硬地回答。

"那么，请你马上走，我今天不想洗澡。"

使我吃惊的是，她眼里涌出大颗泪珠，沿着面颊滚滚流下。我不理会这些，强行给她洗了澡。

第二天，班奇太太料到我会再来，准备好了对策。"在你做任何事之前，"她说，"请先解释'护士'的定义。"

我满腹疑团望着她。"唔，很难下定义，"我支吾道，"做的是照顾病人的事。"

说到这里，班奇太太迅速掀起床单，拿出一本字典。"正如我所料,"她说,"连该做些什么也不清楚。"她翻开字典上她做过记号的那一页慢慢地念,"看护:护理病人或老人;照顾、滋养、抚育、培养或珍爱。"她啪的一声合上书,"坐下,小姐,我今天来教你什么叫珍爱。"

我听了。那天和后来许多天,她向我讲了她一生的故事,不厌其烦地细说人生给她的教训。最后她告诉我有关她丈夫的事。"他是高大粗壮的庄稼汉,穿的裤子总是太短,头发总是太长。他来追求我时,把鞋上的泥带进了客厅。当然,我原以为自己会配个比较斯文的男人,但结果还是嫁了他。"

"结婚周年,我要一件爱的信物。这种信物是用金币或银币镌刻上心和花图案交缠的两人名字简写,用精致银链串起,在特别的日子交赠。"她微笑着摸了摸经常佩戴的银链,"周年纪念日到了,贝恩起来套好马车进城去,我在山坡上等候,目不转睛地向前望,希望看到他回来时远方卷起的尘土。"

她的眼睛模糊了。"他始终没回来。有人第二天发现那辆马车,他们带来了噩耗,还有这个。"她毕恭毕敬地把它拿出来。由于长期佩戴,它已经很旧了,一边有细小的心形花形图案环绕,另一面简单地刻着:"贝恩与爱玛。永恒的爱。"

"但这只是个铜币啊。"我说,"你不是说是金的或银的吗?"

她把那件信物放好,点点头,泪盈于睫。"说来惭愧。如果当晚他回来,我见到的可能只是铜币。这样一来,我见到的却是爱。"

她目光炯炯地面对着我:"我希望你听清楚了,小姐。你身为护士,目前的毛病就在这里。你只见到铜币,见不到爱。记着,不要上铜币的当,要寻找珍爱。"

我没有再见到班奇太太。她当晚死了。不过她给我留下了最好的馈赠:帮助我珍爱我的工作——做一个好护士。

最好的不是铜币,而是爱。用心付出,用心感受,用心体会那感人肺腑的力量!我们的世界需要爱,有爱让人不再觉得世界冷漠,让人不觉得孤独,共同的追求、共同的期待,充满爱的世界才是我们理想中的世界。让我们去创造一个美好的世界,向身边需要帮助的人伸出援手,让爱荡漾在我们身边,让世界充满爱!

扑进画框

最爱那一片清幽的湖水，也最爱一个人默默地绕着湖水行走，仿佛世界在围着湖水打转。那片湖水是世界的中心，行人仿若被卷入这一片静默的漩涡当中，不是不能自拔，而是只愿意沉到湖底去看天上的月和遥远的星。

我一眼就看上了这片湖水。

汽车爬高已经力不从心的时候，车头大喘一声，突然一落。一片巨大的蓝色冷不防冒出来，使乘客们的心境顿时空阔和清凉。前面还在修路，汽车停在大坝上，不能再往前走了。乘客如果还要前行，探访蓝色水面那一边的迷蒙之处，就只能收拾自己的行李，疲惫地去水边找船。这使我想起了古典小说里的场面：好汉们穷途末路来到水边，幸有酒保前来接头，一支响箭射向湖中，芦苇泊里便有造反者的快船闪出……

这支从古代射来的响箭，射穿了宋代元代明代清代民国新中国，疾风嗖嗖又余音袅袅——我今天也在这里落草？

我从没见过这个水库——它建于20世纪70年代中期，是我离开了这里之后。据说它与另外两个大水库相邻和相接，构成梯级的品字形，是红色时代留下的一大批水利工程之一，至今让山外数十万亩农田受益，也给老山里的人带来了驾船与打鱼一类新的生计。这让我多少有些好奇。我熟悉水库出现以前的老山。作为那时的知青，我常常带着一袋米和一根扁担，步行数十公里，来这里寻购竹木，一路上被长蛇、野猪以及豹子的叫声吓得心惊胆战。为了对付国家的禁伐，躲避当地林木站的拦阻，当时的我们贼一样昼息夜行，十多个汉子结成一伙，随时准备闯关甚至打架。有时候谁掉了队，找不到路了，在月光里恐慌地呼叫，就会叫出远村里此起彼伏的狗吠。

当时这里也有知青点，其中大部分是我中学的同学，曾给我提供过红薯和糍粑，用竹筒一次次为我吹燃火塘里的火苗。他们落户的地点，如今已被大水淹没，一片碧波浩渺中无迹可寻。当机动木船突突突犁开碧浪，我没有参与本地船客们的说笑，只是默默地观察和测量着水面。我知道，就在此刻，就在脚下，在船下暗无天日的水深之处，有我熟悉的石阶和墙垣正在飘移，有我熟悉的灶台和门槛已经残腐，正在被鱼虾探访。某一块石板上可能还留有我当年的刻痕：一个不成形的棋盘。

米狗子，骨架子，虱婆子，小猪，高丽……这些读者所陌生的绰号不用我记忆就能脱口而出。他们是我知青时代的朋友，是深深水底的一个个故事，足以让我思绪暗涌。三十年前飞鸟各投林，弹指之间已不觉老之将至——他们此刻的睡梦里是否正有一线突突突的声音飘过？

巴童浑不寝，夜半有行舟。这是杜甫的诗。独行潭底影，数息身边树。这是贾长江的诗。云间迷树影，雾里失峰形。这是王勃的诗。野旷天低树，江清月近人。这是孟浩然的诗。芦荻荒寒野水平，四周唧唧夜虫声。这是《阅微草堂笔记》中俞君祺的诗……机船剪破一匹匹水中的山林倒影，绕过一个个湖心荒岛，进入了老山一道越来越窄的皱褶，沉落在两山间一道越来越窄的天空之下。我感觉到这船不光是在空间里航行，而是在中国历史文化的画廊里巡游，驶入古人幽深的诗境。

我用手机接到一个朋友的电话，在柴油机的轰鸣中听不太清楚，只听到他一句惊讶："你在哪里？你真的去了八溪？"——他是说这个乡的名字。

为什么不？

"你就打算住在那里？"

不行吗？

我觉得他的停顿有些奇怪。

融入山水的生活，经常流汗劳动的生活，难道不是一种最自由和最清洁的生活？接近土地和五谷的生活，难道不是一种最可靠和最本真的生活？我被城市接纳和滋养了三十年，如果不故作矫情，当心怀感激和长存思念。我的很多亲人和朋友都在城市。我的工作也离不开城市。但城市不知从什么时候开始已越来越陌生，在我的急匆匆上下班的线路两旁与我越来越没有关系，很难被我细看一眼；媒体的罪案新闻和八卦新闻与我也格格不入，哪怕看一眼也会心生厌倦。我一直不愿被城市的高楼所挤压，不愿被城市的噪声所烧灼，不愿被城市的电梯和沙发一次次拘押。大街上汽车交织如梭的钢铁鼠流，还有楼墙上布满空调机盒子的钢铁肉斑，如同现代的鼠疫和麻风，更让我一次次惊悚，差点以为古代灾疫又一次入城。侏罗纪也出现了，水泥的巨蜥和水泥的恐龙已经以立交桥的名义，张牙舞爪扑向了我的窗口。

"生活有什么意义呢？"

酒吧里的男女们疲惫地追问，大多找不出答案。就像一台老式留声机出了故障，唱针永远停留在不断反复的这一句，无法再读取后续的声音。这些男女通常会在自己的墙头挂一些带框的风光照片或风光绘画，算是他们记忆童年和记忆大自然的三两存根，或者是对自己许诺美好未来的几张期票。未来迟迟无法兑现，也许永远无法兑现——他们是被什么力量久久困锁在画框之外？对于都市人来说，画框里的山山水水真是那样遥不可及？

我不相信，于是扑通一声扑进画框里来了。

山水之美，古来共谈，然而人们谈得最多的，还是山的灵性和水和神韵。孔子曰："智者乐水，仁者乐山。"仁者在山的稳定、博大和丰富中积累和锤炼自己的仁爱之心；智者则涉水而行，望水而思，以碧波洗濯自己的理智和机敏。这可能就是山水陶冶人的情操的根本原因吧！

山水秋意

九月的蓝天,清澈明亮。行走于群山之间,山脉连绵无际,雨后的松林苍翠欲滴。在这静静的幽谷里,倾听山脚溪谷流水潺潺,感受着密林深处的幽深沁凉,独享一段属于自己的时光。

秋天到了,村子四周的青山,由一色的绿变成色彩斑斓。各色的树叶、各色的野果与常绿的乔木参差交错,远远望去如一幅巨型的山水画,令人心旷神怡。

[落叶]

秋阳暖暖的,静静地照着。

山脚下的一丘丘稻田,已割去稻子,只剩下齐刷刷的稻茬静立在那里,显得空旷宁静。田埂上依然杂草繁茂,只是已经不再是新绿,都有些苍黄。每隔几丘稻田就有一个稻草扎起来的草垛,它们高高地分散在广袤的田间,成为一道秋天的景观。

村边有一处小树林,树林里生长着杂七杂八的树木,有一些我连名都叫不出来。许多年过去了,当初曾为我遮风挡雨的树都已经老了、朽了,落英散尽,褪色的树木显现出生命的脉络,苍劲、悲凉。

不知是因为我的脚步带来的震动,还是因为一阵微风,林间落叶纷纷而下，红色、黄色、褐色的落叶重重叠叠铺满了大地，显得那么安宁，那么自然。

风吹到脸上有些凉，我抬手将衣领扣紧。突然轻轻的"啪"的一声，一片落叶飘在我的头顶，又缓缓滑落下来，我俯身拾起这片落叶，当目光触及它的外观时，我惊讶了。

这是一片饱经沧桑的落叶，黄褐色的叶片上，布满了大大小小不规则的小孔洞，不知昔日是被一场冰雹砸碎了，还是被一场暴风雨打得遍体鳞伤。但我知道当初在风雨中，它将自己弱小的生命紧紧地抱定树干，为了给大地留下这一片新绿，顽强地傲然挺立。如今秋天到了，叶落了，在风中它划出一条优美的曲线，回归大地，觅得了一份长久的淡泊与安宁。

我认真地拂去落叶上的灰尘，小心地将它收藏起来，一种敬服之情，从心底升起。"生命"这伟大而抽象的文字，此时，在我的眼中，完全体现在了这片落叶上。

[老屋]

树林边有一个小村庄，它叫胡坊。当年我曾在这里生活三年多。

时过多年，它依旧是那么沉寂，安静。灰垩的墙壁长着暗绿的苔藓，黑色的小瓦鳞片般铺在屋顶，一条鸡肠似的石板路，在村中透迤蜿蜒。

村子坐落在一条溪边，这里的土被人称糠皮土，它有着水涨村高的功能。多年来此地曾多次遭遇水灾，每次胡坊总能逢凶化吉，劫后余生。

在这务农时，让我感到更为神奇的是这里的房子。村里的老房子清一色土木结构，经历了几百年的风吹雨打，它们看上去满目疮痍，部分房屋已砖瓦脱落，墙壁裂缝，但那些骨架却没有倒塌。

记得当年村子遭遇了一场百年不遇的台风，许多房屋与村庄被摧毁，但这些看上去歪歪斜斜的老屋却安然无恙。

有关专家经过仔细研究，发现这些老屋的骨架，就是一个个有着生命律动的活的结构。

它们通过各种各样的榫头相互联结,在整个建筑过程中,没使用过一根金属钉子,各个衔接之处都留出了充足的缝隙和空间,天长日久,风吹雨打,西边风大,它们便朝东边倾斜,东边风大便倒向西边。古往今来,几经震荡,使这些老屋适应了风雨沧桑,与大自然融为一体,虽摇摇欲坠,却没有倒下,因此成了一群"坚不可摧"的组合。

黄昏时分,屋顶上升起了淡淡的炊烟,村西的几户人家在打糍粑,浓浓的糯米香远远就闻到了。村里的习俗,每年秋季收获了新谷,家家户户就用新糯米打糍粑,名为"洗谷桶",意在庆丰收。

这里民风淳朴,当年"洗谷桶"时,我总是被东家请、西家拖的。那憨憨的笑容,浓浓的香味,甜甜的米酒和那黑乎乎的木板墙,令人至今难以忘怀。

[古树]

村边有一条清澈的小溪,缓缓淌着缘村而行,村口的路边长着一棵古老的柿树,秋风中它叶已落尽,光秃秃的树枝上挂满了柿子,红彤彤的像一个个小灯笼高挂树梢。

在树边静卧着一抔黄土,这是一座祖坟,关于它还有一段不寻常的传说。

在胡坊村里,胡家弟子共分五房。其中第五房人丁最衰。民国期间,第五房中有几位不肖子孙,听信了一位算命先生的胡诌。在一个中秋之夜,子夜时分,这几个人悄悄地掘开祖坟,将第五房祖爷的棺木埋了进去。当地的说法:这叫兼祖。据说此举可使风水倒流,独旺第五房。或许掘坟之时动了树脉,或许是草木有灵,几天后,这棵古老的柿子树落叶纷纷,果实凋零,莫明其妙地枯萎了。

不久后事情败露,全村哗然,大家将这几位不肖子孙五花大绑,捆在这棵古老的柿子树下，按族规要将他们晒死，饿死，被蚊子叮死。第五房不服，男女老少都操起了家伙，一起涌到村头，准备抢人。

老族长出面了，他将全村老幼召集到祖坟前。按传统的习俗，摆上香火，烛光闪闪，青烟袅袅，全族之人齐齐跪下，鸦雀无声，直到香烛泪尽烟消。

这位清末秀才站了起来，对着祖坟、对着古树大声说道："本是同根生，相煎何太急。祖上先人不愿看到后辈之人在这里刀兵相见，血流成河，放了他们吧。"然后，他转过身来，拿起水烟筒吸了几口，仰望苍天，大声呼号："兼祖之举，大逆不道，第五房之人，必须迁出百里之外，重新定居。从此以后，胡家祠堂，不许你们踏入半步！"

事情就这么过去了，虽说族人宽容了他们，但天理难容。几年后，在一场瘟疫中第五房满门尽没，只剩下一个在外求学的学生得以幸免，但他无颜还乡。直到耄耋之年，重病缠身之时，才返回故里，将自己的独生子托付与家族的父老乡亲。

人世沧桑，经磨历劫，胡氏五房终于再次重聚一堂。

在这年春天，这棵古老的柿子树绽放了久违的新绿，奇迹般地恢复了生机。从此之后，村里人将它奉为神品。没人敢去采下它的一片叶子，摘下一颗果实。

我静静地独坐在这棵古老的树下，细细品着眼前的秋色。

十月的秋天深幽，静谧。微风中，秋凝聚成一片片黄叶，缓缓飘落，细密如织的叶片，散发着一种阅尽沧桑之后的厚重。它们像铺在大地上的颗颗音符，记录着萧萧落木的故事和人世间的沧桑轮回。

身处喧嚣红尘，心向往山水自然。除却浮华，澄明清宁。秋风飘落叶，起舞弄清影。浮云游子意，月明静夜思。秋雨落荷塘，心清莫彷徨。小池微波漾，蓄芳待春发。一盏茶心舒，惬意怀中展。云水禅心傍，秋意沁芳怀。秋雨洗涤了人的心灵，也涤荡了人的灵魂。

希望在，美好就在

英国诗人查尔斯·金斯莱有一句名言：永远没有什么可以击退一个坚决强毅的希望。罗素也说过一句类似的话：希望是坚韧的拐杖，忍耐是旅行袋，携带它们，人可以登上永恒之旅。让我们记住，最贫瘠的沙漠中，也可以开出神奇的沙漠玫瑰。

人生有如一列火车，在奔驰中总会暂时停靠在一些大站小站，还要穿越许多隧道，或长或短。有的火车便永远停在了隧道中，最终见不到光明的出路。

发出这番感慨的，是一个在商场打拼多年的朋友。他经历坎坷，风光过也跌倒过，最终取得不错的成就。当时我说："你这列火车算是从隧道中出来了，现在车窗外平原广阔，风光无限啊！"他却说："这样的时候，是最容易懈怠的。在未知的前方，还会有许多隧道等着去穿越。当你陶醉于暂时的平静，火车突然进入隧道，便会有措手不及的仓促感，也更容易在那里抛锚。不过，穿越隧道，才更能感受人生的激情。"

他的话语中，有种居安思危的智慧。

那年我去宁夏探亲。在北京上车，进入山西境内后，隧道便一个接一个地来了。坐在我对面的，是一个戴着墨镜的盲人。他问我："是不是第一次坐火车过隧道？"我说是的。他说："那种光明和黑暗交替出现的情景，当年我第一次见到时也非常兴奋。20年前，我的眼睛失明了，就像火车突然进了隧道，周围一片漆黑。只是，这次的隧道是永远没有尽头的。"

我问："这20年你是怎么过的？"20年行驶在黑暗的隧道中，而前方绝无出口，那该会是一种怎样的心情？

那人淡淡一笑，说："适应加习惯，就是这些。开始也有绝望，可是，行程还是要继续，黑暗也好光明也好，关键是不能停下来，在黑暗中行驶，也是向前，只要向前，就是进步吧！"

我一时无语，而内心深处却有了波澜与震撼。是的，他的世界是永远黑暗了，如他所言，他的生命列车将永远行驶在黑暗隧道之中，可是，他的心却有着一个光明的出口，再长的隧道又算得了什么？

此刻，火车穿越了最长的一个隧道。

我的两位朋友，让我对隧道有了不同的认识。不管黑暗有多久多长，只要不让生命的列车停止，希望就在，美好就在。

希望是个好东西，它是人世间最善最美最重要的东西，而美好的事物永远不会消逝。人生总有苦难，然而，受一些苦一定是为了另外的东西，这个东西的名字叫希望。永远没有什么可以击退一个坚决强毅的希望。希望是坚韧的拐杖，忍耐是旅行袋，携带它们，人可以登上永恒之旅。

让自己喜欢每一个生命阶段

遗憾也好，痛苦也罢，经历了，就是人生的一页，这才是完整的人生。因此，不必强迫自己忘记什么，更无须学会忘记，但是，可以不忘记，却一定要学会放下。放下昨天才可能用心对待明天，放下过去才能有真正意义上的未来。

大学时，一位老师谈起他在德国的留学生活。老师一本正经地说："在德国，因为学制还有一些适应问题，有些人一待就会待上10年才能拿到博士学位。"我惊愕地张大了嘴巴："啊！那么久啊。"

老师笑了笑："你为什么会觉得那么'久'呢？"

我说："等拿到学位回国教书或工作，都已经三四十岁了。"

老师说："就算你不去德国，有一天，你还是会变成'三四十岁'，不是吗？"

"是的。"我回答。

老师停了停，又接着问："你想通了这个问题的含义了吗？"我不解地看着老师。

"生命没有过渡，不能等待，在德国的那10年，也是你生命的一部分啊！"老师语重心长地说。

那一段对话，对我的影响深入骨髓，提供给我一个很重要的生活哲学和价值观。前一阵子工作忙碌，好友问我："你到底要忙到什么时候呢？""我应该忙到什么时候或者说到什么时候才不会忙碌呢？"我反问。

对我而言，忙碌不是我生命的"过渡阶段"，而是我最珍贵的生命的一部分。很多人常常抱怨："工作太忙，等这阵子忙过后，我一定要如何如何……"于是，一个本属于生命一部分的珍贵片段，就被打发成一种过渡与等待。"等着吧！挨着吧！我得咬着牙度过这个过渡时期！"当这样的想法浮现，我们的生命就因此遗落了一部分。"生命没有过渡、不能等待。"这时，老师的话就会清晰地回响在我的耳边。所以，我总是很努力地让自己喜欢每一个生命阶段，每一个生命过程，因为那些过程本身就是生命，不能重复的生命。

生命中的每一天、每一个阶段，都是人生中不可或缺的组成部分，不管你如何度过，它都会摆在那里，它都会成为过去。因而，不必怨恨，更无须等待，让每一个日子都焕发出光彩吧，你的人生必将连成一串美丽的项链。

第四辑

一起改变，
一起成长

每一朵花开都必须经历风雨，

每一种滋味都应该要你亲自品尝，

如果你不能让自己坚强起来去适应环境，

环境不会反过来迁就你的。

一起改变，一起成长

"如果你不这样做，妈妈（爸爸）就不爱你啰。"也许你曾经说过这样的话，但其实你心里一定不是这样想的。我们时时刻刻都爱着孩子，无论他健不健康、漂不漂亮、听不听话、优不优秀，我们都愿意为他奉上所有的爱。父母的爱，没有条件。

居住于南京的作家叶兆言，其实是个很没故事的人。他既不抽烟，也很少喝酒，更没有丁点绯闻去让媒体炒作。作为文学世家，从他爷爷叶圣陶开始，就形成了对人对物一向低调的家风，生怕坏了自己的清名。对于爷爷和父亲，叶兆言一直有种挥之不去的"敬畏情结"，留下了许多关于父亲的文字；但面对渐渐长大的女儿，身为父亲的他，又常处于一种不知所措的爱恨交织的感情之中。一方面，他一直用自以为是的"理论"管教女儿；另一方面，女儿则在潜意识里与父亲进行着多方面的抗争。直到有一天，看过女儿临出国前交给自己的日记本，叶兆言在震惊之余开始反省自己的父亲角色。

［女儿写给父母的心灵日记］

2000年8月，16岁的叶子作为金陵中学参加AFS国际交流的学生，要去美国读一年书。临出国的前一个月里，叶兆言夫妇总被一种紧张的情绪包裹着，今日想要买些啥，明日又盘算着还得备些什么东西，可女儿呢，整天像个没事人似的，喊她干什么，她就硬和父母对着干，而且晚上很晚才睡，早上则总睡懒觉，还一个劲儿地看无聊的电视节目，然后便大谈歌星。凡此种种，都让叶兆言很是"上火"，于是父女俩每天的争吵逐渐升级。对此，叶子在日记中写道——

亲爱的爸爸：

　　从刚才开始，我一直在想，今天该写什么。可惜你今天没有大闹，那么，就谈谈你每天的小闹——闹我起床吧。

　　我每天晚上都是凌晨1点多睡，早晨一般8点30分开始就要接受你杀猪般催我起来的号叫，我的耳膜早已千锤百炼了。你是否知道一个人睡觉时的满足，那种舒适，那种安逸，那种甜甜的醉了一般的感觉，是一个只有名义上减负的中学生日夜渴求的，可是种种压力迫使这种美好的感觉总在刚刚萌芽后便告夭折。每天我总带着满嘴的臭气，满肚子的火气，满脸的鼻涕，愤怒地爬起来，半睡半醒地做我的僵尸梦！我从没有半夜起来上厕所的习惯，所以，不要因为你把我喊起来而得意万分。这不是你的功劳，而是我的膀胱承受不住了。

　　下面是写给妈妈的。亲爱的妈妈，有这样一首诗："慈母手中线，游子身上衣。临行密密缝，意恐迟迟归。谁言寸草心，报得三春晖。"记得初一刚入校，听到班上一男生背这首《游子吟》，觉得有点矫情。在我的脑子里，男生要么别做书呆子，要做书呆子也得有志气，应该背曹操的《观沧海》才对。偏偏我是丫头，该矫情的地方，想不矫情都不行。说实话，今天有个女同学和我告别，她眼泪都要下来了，我却一点也不悲哀，我想哭的日子在后头呢。妈妈，如果我在临上飞机前没有哭出来，你千万别伤心——这种可能几乎是零，除非我吃错了药。说实话，电影里的母爱都不是真的，不吵架的母女不会有太深的感情，因为在深恨一个人的同时，又发现自己在爱着这个人，这才是情感，才是一种正常的富有情趣的生活。在以后的一年里,你会充分体会到这一点的,所以,我不会说希望你和爸爸一年不吵架之类的蠢话。

今天,我新买了钱包,回家后的第一件事,就是把你们的一张特傻的合影放在一打开就能看见的地方。看着,看着,我就想哭。我过去真自私,只想在皮夹里放自己的照片。我想,以后我也会放我男友的,可在接下来这一年中,你们占据了这个位置——一个一丝不苟的父亲和一个傻兮兮的母亲。别生气,我爱你们!

[女儿挨打后记下的只有宽容]

有一天,叶子去买东西,路上丢了一顶帽子,叶兆言很生气地让她去找回来。当时的叶兆言不是心疼帽子,而是觉得自己女儿好像什么东西都不知道爱惜,出国后会为此吃苦头的。叶子见父亲如此唠唠叨叨,情绪也变得非常蛮横,嚷道:"让我出去找帽子,怎么可能!"父女俩于是大吵起来。吃饭的时候,父亲和女儿都很不开心,彼此板着脸。吃完饭了,叶兆言对叶子说:"你今天洗碗。"本来就一肚子火的叶子很不耐烦地说:"我今天就是不洗。"然后转身进了房间,并把门反锁了。叶兆言气得起身去打门,叶子就是不开。当爸爸的因此气得手直抖,冲叶子妈嚷道:"钥匙呢?钥匙呢?"门开后,两声清脆的巴掌声随之响起。

在日记中,挨打的叶子却用文字表达了自己对父母的宽容——

亲爱的爸爸:

今天,你打了我,差不多是我长这么大以来的第一次。我今年16岁,16年来你没有打过我,但却在我已经16岁时这么做了。我很难过,因为我不知道自己怎么糊里糊涂就挨了两巴掌。如果在以前,我一定会把你恨得要死,可今天,我却还能心平气和地坐下来,给你写信,因为我发现你要的是形式,而不是结果。

今天你在踢门时，我其实心里很紧张。我想起有个同学将自己反锁在屋里，对门外的她妈大叫道："滚，滚远一点！"换在平时，我一定也会大吵大嚷，但今天，我想的却是：这是早晚的事（一个家长告诉别人自己从未打过孩子，没人会相信，即使信了，也会觉得是对孩子的过分溺爱）。打就打了吧，躲了今天躲不了明天。

当你铁青着脸，指着我说："告诉你，不要以为从来没打过你，就不会打你……"我连感到心寒的时间也没有，因此我一直不让自己哭得声音太大。今天这件事，我觉得自己很可怜，因为我一点面子也没了，你又打又骂，最后还让我洗碗。我觉得很丢人，有一种"偷鸡不成蚀把米"的感觉。我觉得自己没有犯大错，却换来挺重的惩罚，于是，我一直不讲话。知道吗？我觉得这样可以保存点面子。

晚上看电影《乱世佳人》，见白瑞德对女儿宠爱无比，我泪水就流出来了。后来他女儿骑马摔死了，白瑞德悲痛欲绝。我一下子觉得，其实你对我也很好，只是表达方式不一样吧。

今天胳膊上被你打过的地方挺疼的，肉一条条地都鼓起来了。我一边洗碗一边想，明天出门后，我跟别人解释说是在楼梯上摔的，别人肯定不会相信。不过，好在现在已不那么疼了。

亲爱的妈妈：

今天爸爸在打我时，你不该在一旁煽风点火，我很不喜欢你这样。如果你帮着我说一点话，今天我说不定就可以少挨几巴掌。你应该向《乱世佳人》里的媚兰学一学，做一个宽容而博大的女人。当然，这个要求是高了点。算了，不提了。

［女儿教双亲学会替自己操心］

叶兆言虽不是个严厉的父亲，却是个唠唠叨叨的大人。女儿出国在即，他的情绪始终紧绷着，一见女儿看报纸的娱乐版，或把电视频道锁定在无聊的肥皂剧上,嗓门立刻会大起来,动不动就把叶子弄得泪眼汪汪的。甚至,为把护照放在哪里的问题,他们父女俩也会争得面红耳赤,而这一切竟都源于叶兆言对于女儿独自远行的不放心。

对此,叶子在日记中这样安慰父亲——

亲爱的爸爸:

刚刚为了整理包裹还吵得不可开交,可你在叮嘱我怎样进机场时,竟是那么仔细。我挺难过,以后的11个月里,再没有一个人会这样苦口婆心地教导我了。等真进了机场,我一定会哭得很失态!

明天我就在地球的另一端了,我们之间将隔着一个太平洋。在以后的11个月中,你和妈妈必须适应没有我存在的日子,到那时,你们就知道心里苦了。

我希望你们要特别特别注意安全。从上海回来千万别走高速路,那样好危险,别光图快,还是安安稳稳地坐火车吧。平时注意交通安全,骑车时要慢一点,游泳时悠着点儿,散步时少从高楼下走。每天临睡别忘了锁门、关锅灶。还有,最好买一个灭火器放在家里。

总之,你们都不小了,要学会为自己操心!

还有,你现在脾气特不好,像是处在更年期,所以对于同样火暴性子的老妈来说,还是忍着点儿吧——忍一时风平浪静,退一步海阔天空。

还有,有一点浪漫是男人(你不介意我用此词吧?)的必备武器,很有用的。这点教是教不会的,首先需要男性骨子里有感性意识,你如果能做到,困难会大了点,不过,重要的是过程,而不是结果嘛,意思到了就行了。注意劳逸结合,累了就歇,劝老妈也这样。还有,你必须为家里请个钟点工,尽管你们是两个人,可房子一点也没变小呀。另外,也别搞得我们家请保姆像是为了我一样。

这是我这册本子里最后一篇写给你的信!别看你一会儿就看完了,我可是写了好久,算算写给你和妈妈的加起来,应该不少于18000字了,还是蛮多的。我为此感到很满意,对我这样一个懒人来说,这可是个不小的业绩。

我不知道应该以什么样的话收尾,废话已说了好多。

那就用句最俗的:爱你一万年!

[父母和孩子,谁比谁更懂事]

叶兆言夫妇做梦也没想到女儿叶子会留下如此美丽的一本日记。作为父母,他们总觉得女儿不懂事,可女儿日记上所记的内容,让他们明白了,其实真正不懂事的,是一些自以为是的大人。叶兆言曾一再感叹,他觉得女儿没什么爱心,因为在现实生活中,差不多都是父母在为她服务,包括帮她叠被子、帮她倒水、半夜里起来帮她捉蚊子、强迫她喝牛奶等等。也许正因为这些本能的爱已有些畸形,便忽视了一个最简单的事实,这便是女儿已经长大,她不再需要婆婆妈妈和唠唠叨叨,她需要的是另一种关爱,即理解。叶兆言不得不说自己真的深为女儿所感动,因为女儿在日记里表现出的那种爱和宽容,那种对父母的理解,让他无地自容。叶兆言感慨:"大人真不该总是以居高临下的态度看待孩子眼中的一切。学无先后,达者为师,试着和孩子们在同一起跑线上走未来的路,家长会更早地赢得他们的尊重和欣赏。"

后来,女儿叶子在美国的很多表现也让叶兆言咋舌,尤其无法理解的是,她每天都坚持游泳4小时,多的时候,一次竟能游8000米,而且没有任何功利目的,既不是为了比赛,也不是为拿学分。叶子告诉父亲,美国人是崇尚运动的,游泳能令人保持一种积极的状态。

而自从美国学习回来后,向来心高气傲的叶子也学会反思了,这对叶兆言触动更大,因为女儿以前从不向人低头认错,现在只要是她做错了什么便会说:"我很抱歉,我很愧疚!"这一点,既让叶兆言特别高兴也有点惭愧,为保有作为父亲的权威,他即使做错了也从不向女儿道歉,看来女儿已先他一步懂得了"尊重"一词所彰显的人格魅力。

　　面对女儿的转变，叶兆言如今常说："我正和女儿一起改变，一起成长。小女曾说过，我这个当作家的父亲让她还没有学会欣赏之前，就先教她学会了批评，这一点真让我汗颜。所以奉劝天下父母，多给孩子一点赞美，让他们从小就会欣赏世间的一切。父母对孩子的爱是没原则、没是非的，对于父母，孩子无论成功与否，都要接受。能不能出人头地，是他们自己的事，各人头上一方天，没必要强求小孩干什么。人生是一步一步走出来的，能把每一步都走踏实了，这就很好。"

　　作为父母，你应该让孩子明白：每一朵花开都必须经历风雨，每一种滋味都应该要你亲自品尝，如果你不能让自己坚强起来去适应环境，环境不会反过来迁就你的。酸甜苦辣都是营养，喜怒哀乐皆有收获。挫折是你必然要经历的一个过程，我不能帮你逃避。

世界上最美丽的声音

世界上有一种最美丽的声音,它不是天籁般的歌声,也不是恋人间的那句"我爱你",而是母亲对自己孩子爱的呼唤。这呼唤是强而有力的,是亲切而温柔的,是含情脉脉的,是对孩子爱的诠释,是对孩子无尽的关怀!

10岁那年,我在一次作文比赛中得了第一。母亲那时候还年轻,急着跟我说她自己,说她小时候的作文作得还要好,老师甚至不相信那么好的文章会是她写的。"老师找到家来问,是不是家里的大人帮了忙。我那时可能还不到10岁呢。"我听得扫兴,故意笑:"可能?什么叫'可能还不到'?"她就解释。我装作根本不在意她的话,对着墙打乒乓球,把她气得够呛。不过我承认她聪明,承认她是世界上长得最好看的女的。她正给自己做一条蓝底白花的裙子。

我20岁时,我的两条腿残废了。除去给人家画彩蛋,我想我还应该再干点别的事,先后改变了几次主意,最后想学写作。母亲那时已不年轻,为了我的腿,她头上开始有了白发。医院已明确表示,我的病目前没法治。母亲的全副心思却还放在给我治病上,到处找大夫,打听偏方,花了很多钱。她倒总能找来些稀奇古怪的药,让我吃,让我喝,或是洗、敷、熏、灸。"别浪费时间啦,根本没用!"我说。我一心只想着写小说,仿佛那东西能把残疾人救出困境。"再试一回,不试你怎么知道会没用?"她每说一回都虔诚地抱着希望。然而对我的腿,有多少回希望就有多少回失望。最后一回,我的胯上被熏成烫伤。医院的大夫说,这实在太悬了,对于瘫痪病人,这差不多是要命的事。我倒没太害怕,心想死了也好,死了倒痛快。

母亲惊惶了几个月,昼夜守着我,一换药就说:"怎么会烫了呢?我还总是在留神呀!"幸亏伤口好起来,不然她非疯了不可。

后来她发现我在写小说。她跟我说:"那就好好写吧。"我听出来,她对治好我的腿也终于绝望。"我年轻的时候也喜欢文学,跟你现在差不多大的时候,我也想过搞写作。你小时候的作文不是得过第一吗?那就写着试试看。"她提醒我说。我们俩都尽力把我的腿忘掉。她到处去给我借书,顶着雨或冒着雪推我去看电影,像过去给我找大夫、打听偏方那样,抱了希望。

30岁时,我的第一篇小说发表了,母亲却已不在人世。过了几年,我的另一篇小说也获了奖,母亲已离开我整整7年了。

获奖之后,登门采访的记者就多起来了。大家都好心好意,认为我不容易。但是我只准备了一套话,说来说去就觉得心烦。我摇着车躲了出去。坐在小公园安静的树林里,想:上帝为什么早早地召母亲回去呢?

迷迷糊糊的,我听见回答:"她心里太苦了,上帝看她受不住了,就召她回去。"我的心得到一点安慰,睁开眼睛,看见风正在树林里吹过。

我摇车离开那儿,在街上瞎逛,不想回家。

母亲去世后,我们搬了家。我很少再到母亲住过的那个小院子去。小院在一个大院的尽里头,我偶尔摇车到大院儿去坐坐,但不愿意去那个小院子,推说手摇车进去不方便。院子里的老太太们还都把我当儿孙看,尤其想到我又没了母亲,但都不说,光扯些闲话,怪我不常去。我坐在院子当中,喝东家的茶,吃西家的瓜。有一年,人们终于又提到母亲:"到小院子去看看吧,你妈种的那棵合欢树今年开花了!"我心里一阵抖,还是推说手摇车进出太不易。大伙就不再说,忙扯到别的,说起我们原来住的房子里现在住了小两口,女的刚生了个儿子,孩子不哭不闹,光是瞪着眼睛看窗户上的树影儿。

我没料到那棵树还活着。那年,母亲到劳动局去给我找工作,回来时在路边挖了一棵刚出土的绿苗，以为是含羞草，种在花盆里，竟是一棵合欢树。母亲从来喜欢那些东西，但当时心思全在别处，第二年合欢树没有发芽，母亲叹息了一回，还不舍得扔掉，依然让它留在瓦盆里。第三年，合欢树不但长出了叶子，而且还比较茂盛。母亲高兴了好多天，以为那是个好兆头，常去侍弄它，不敢太大意。又过了一年，她把合欢树移出盆，栽在窗前的地上，有时念叨，不知道这种树几年才开花。再过一年，我们搬了家，悲痛弄得我们都把那棵小树忘记了。

与其在街上瞎逛，我想，不如去看看那棵树吧。我也想再看看母亲住过的那间房。我老记着，那儿还有个刚来世上的孩子，不哭不闹，瞪着眼睛看树影儿。是那棵合欢树的影子吗？

院子里的老太太们还是那么喜欢我，东屋倒茶，西屋点烟，送到我跟前。大伙都知道我获奖的事，也许知道，但不觉得那很重要；还是都问我的腿，问我是否有了正式工作。这回，想摇车进小院儿真是不能了。

家家门前的小厨房都扩大了，过道窄得一个人推自行车进去也要侧身。我问起那棵合欢树，大伙说，年年都开花，长得跟房子一样高了。这么说，我再看不见它了。我要是求人背我去看，倒也不是不行。我挺后悔前两年没有自己摇车进去看看。

我摇车在街上慢慢走，不想急着回家。人有时候只想独自静静地待一会。悲伤也成享受。

有那么一天，那个孩子长大了。会想起童年的事，会想起那些晃动的树影儿，会想起他自己的妈妈。他会跑去看看那棵树。但他不会知道那棵树是谁种的，是怎么种的。

人类所能表达的最甜蜜的语言，就是母爱，最美好的呼喊就是"母亲"。母爱，简单而伟大，它包含着希望爱戴以及人类心灵中所能包容的一切温柔、甘美和甜蜜，它是悲痛中时的慰藉，绝望时的希望，软弱时的力量……谁失去了母爱，就是失去了枕靠的胸膛，失去了祝福的手臂！

居里夫人的选择

玛丽·居里，原名玛丽·斯克沃多夫斯卡，通常称为居里夫人，波兰裔法国籍女物理学家、放射性化学家。作为一位杰出的女科学家，居里夫人曾在仅隔8年的时间内就分别摘取了两次不同学科的最高科学桂冠——诺贝尔物理学奖与诺贝尔化学奖。

16岁的玛妮雅从克拉科维中等学校毕业了，因为学习成绩优异，获得一枚金奖章。按她的愿望是去法国入学深造，然后再回祖国波兰做一名教授。

可是，玛妮雅的家境已经很贫困了。做了30年中学教员的父亲不久前因为一个亲戚拉他投资于一种"神奇的"蒸汽磨而丧失3万卢布，而这是他的全部财产。

玛妮雅的父亲从此意志消沉。他常常不能自制地悲叹："我怎么会损失那笔钱呢？我原想给你们最好的教育，让你们到国外去求学。我把一切希望都毁了。不久，我会退休，还得拖累你们。你们将来怎么办呢？"

现在，他的四个子女——约瑟、海拉、布罗妮雅、玛妮雅——都得自己谋生。

玛妮雅的哥哥约瑟正在巴黎一所大学进修，大姐海拉正在为做歌唱家而努力，二姐布罗妮雅高等学校毕业后，几乎承担了全部家务。

布罗妮雅的梦想是到巴黎学医，然后回波兰做一名乡村医生。她已经节省出一笔钱，可是在国外学习费用太大，她这点钱远远不够。

布罗妮雅的焦虑与失望，成了玛妮雅时刻在念的忧愁。自从母亲患结核病逝世后，布罗妮雅给了玛妮雅母爱一样的关照，她们姐妹俩最亲近。

有一天，布罗妮雅正在一张纸上计算她有多少钱，或者不如说计算还缺多少钱。这是她第一千次计算了。

玛妮雅在旁边说："我近来想了很久，我也和父亲谈过，我想我有了办法。"

"我们能有什么办法？医科是要5年才能毕业的，而我的钱仅够学费和大学一年的费用。"布罗妮雅疑惑地说。

"照我的计划办，你秋天就可以前往巴黎了。"玛妮雅镇定地说，"开始的时候，你用你自己的钱，然后，我设法给你寄钱去。同时，我也积蓄钱预备我将来去求学。等到你当医生的时候，就轮到我上学了。"

布罗妮雅的眼睛里布满了泪水。她觉得妹妹的提议是伟大的。"但是，我不懂——你赚的钱除了你的生活费和我的学费，你怎么还能有积蓄呢？"

玛妮雅轻松地说："正是这样，我要找一个肯提供食宿的家庭去当教师。"

"玛妮雅，我的小玛妮雅。"布罗妮雅激动地抱住妹妹。但是，她拒绝用这种办法。"为什么应该我先走？为什么不换过来？你的天资比我好得多，你先走，你会很快成功的。"

"啊，姐姐，不要糊涂，因为你是20岁，而我是17岁，因为你已经等了很久，而我的时间还长得很——等你大学毕业，诊所开了业，那时，你再支持我上大学。"

1885年9月的一天早晨，玛妮雅来到一家职业介绍所。她对办公室里的一位胖女人说："夫人，我想找一份能提供食宿的家庭教师的职位。"

胖女人用内行的眼光看完玛妮雅的材料。有一件事引起了她的注意，"你会英、德、法、波兰几国语言？"

"是的,夫人,英文略差一些,可是我能教官定的课程。我离开中等学校时,得过金奖章。"

"好的,我照例要做些调查的。不过,你多大年纪了?"

"17岁,"玛妮雅脸红了,"不久就18岁。"

1886年1月1日,玛妮雅在严寒中起程。这一天是她一生中的残酷日子之一。她勇敢地向父亲告别。她上火车,紧靠车窗,含泪看着飞雪罩着的父亲的身影在暮色中向后退去。她随时用手拭泪,可是刚擦干又湿了。

在冬夜庄严的寂静中,玛妮雅坐了3小时火车,接着又坐4小时雪橇,终于在冰冷的深夜到达距华沙北边一百余公里的斯茨初基Z先生的门前。

玛妮雅看到了高身材的Z先生和他妻子毫无光泽的脸以及向她注视着的几个小孩好奇的眼神。他们用热茶、和善的言辞接待了玛妮雅。Z夫人带玛妮雅上了二楼,到了给她预备的住屋就走开了,剩下她独自对着她那可怜的行李。

斯茨初基是一个乡村小镇,在周围几公里之内没有一片树林,没有一片草地。除了甜菜还是甜菜,一些牛车满载着浅色带土的甜菜缓慢地向制糖厂靠拢。

Z先生是一个农学家,管理着二百公顷甜菜的种植。他的房子是一座老式的别墅,大而低的板层,野葡萄藤遮满了廊道。

玛妮雅一天工作7小时,她的学生叫安齐亚,是一个才10岁的小女孩。除了教安齐亚读书识字,玛妮雅剩下的时间就是孤独地坐在屋子里。这时,她总是不断给父亲、姐姐和中学同学写信。

小镇的人闲散的时间总聚在一起跳舞、闲谈。玛妮雅不能忍受这种习俗的生活,好在她发现一家制糖厂有一间小小的图书室,她在那里可以借到一些书籍和杂志。

玛妮雅每天在泥泞的道路上遇到一些衣服穿得极其破烂的男孩女孩。她想起一个计划来:为什么不开设波兰基础课,使这些青年的头脑觉悟到自己民族的语言和历史美？那有多好！玛妮雅将她的意见告诉Z夫人。曾经做过教师的Z夫人立刻赞成。

玛妮雅每天教完安齐亚的课后，再给这些仆人、农民、糖厂工人的子女上两小时课。一共有18个学生。他们围在深色衣服、金色头发的玛妮雅周围，眼睛里显现出一种天真的热烈的希望。玛妮雅从教学中得到极大的愉快与安慰。

然而，玛妮雅不久就发现面对着整个乡村愚昧的海洋，自己毫无能力、极其软弱。她开始思考自己的命运。她最希望能到法国求学。法国的声誉使她心驰神往，法国是爱护自由的，它尊重一切情操和信仰。

当玛妮雅站在窗前看着那些运甜菜到工厂去的牛车的时候，在柏林、维也纳、圣彼得堡、伦敦，有成千上万的青年正在上课或听演讲，或在实验室、博物馆、医院里工作，尤其是在那法国著名的索尔本大学，这时候有多少青年正在如饥似渴地学习生物学、数学、社会学、化学、物理。玛妮雅一想到这些，内心就充满了痛苦。自己真能有一天去巴黎吗？真能有这样大的福气吗？

12个月的郁闷的乡村生活，已经开始摧毁玛妮雅的梦想。她和一般19岁的女孩一样，心里很痛苦很失望：一方面声明放弃一切，一方面却以发狂般的勇气反抗着，不肯就这样葬送自己。她每天在书桌前坐到深夜，读她由糖厂借来的社会学和物理学书籍。在这所乡下房子里，她得不到名师的指导和教诲，只有在这些过时的书籍里寻找自己需要的知识。

19岁的玛妮雅已经长成一个优雅美丽的姑娘了。她有好看的手腕、纤细的足踝，她的脸虽然不能算十分端正，却引人注目，因为她的嘴有一种天然的曲线，她的灰色眼睛在眉毛底下陷进去很深，她的视线有一种惊人的凝聚力量。

Z先生的长子卡西密尔在华沙的一所大学读书，暑假回到斯茨初基。几个星期后，他发现玛妮雅舞跳得极好，能划船、滑冰、性情机敏、举止娴雅、能出口成章；她与他所认识的青年女子不同——完全不同，不同得

· 155 ·

出奇。

卡西密尔爱上了玛妮雅。

玛妮雅也喜欢上了这个很俊美的不讨厌的富家大学生。

他们计划结婚。看起来似乎没有阻碍他们结合的事情。卡西密尔差不多有把握问他的父母是否赞成他与玛妮雅订婚。

回答倒很快——卡西密尔的父亲大发脾气，母亲几乎昏过去。卡西密尔，他们最爱的孩子，竟会选中一个一文不名的女子，选中一个不得不"在男人家里"做事的清贫女子！他很容易娶到当地门第最好而且最有钱的女子。他疯了么？

转眼之间，在这个一向自夸把玛妮雅当作朋友看待的人家里，社会界限竖立起来了，无法越过。玛妮雅有好的家庭出身、有教养、聪明、名誉极好，她的父亲在华沙受人尊重——这种种事实，都胜不过无法打倒的七个小小的字："不能娶家庭教师！"

卡西密尔受了训斥，觉得失去了决心，他没有多大个性，怕家里人责备。

玛妮雅受到了比她低俗的人们的轻视，内心很痛苦，但她保持了一种很僵的冷淡和一种过分的沉默。她不能作出离开Z家的决定，她怕使父亲伤心，尤其丢不起这份职业。她每月给姐姐寄二十卢布，这差不多是她工资的一半。她忍受了这次屈辱，留在斯茨初基，好像什么事也没发生一样。

玛妮雅继续教安齐亚，教那些穷人的孩子。她照常读化学书，做音韵游戏，到跳舞会去，在空旷的地方散步……玛妮雅试图忘记自己的不幸。

这是一段阴郁愁闷的日子。1889年底，玛妮雅结束了在斯茨初基三年的家庭教师工作，回到华沙父亲身边。不久，她又坐火车抵达波罗的海海滨小城索坡特，成为新雇主F先生的家庭教师。

半年后，F先生全家迁居华沙，玛妮雅随之前往。

1891年3月，玛妮雅收到了姐姐布罗妮雅从巴黎写来的信："……我的小玛妮雅，总有一天你要做出一些成绩来的，不能把你的一生完全牺牲掉……若你今年能筹划到五百卢布，明年你就可以巴黎来读书，住在我家里（我快要结婚了），这里有你的住处和食物……你必须这样决定，你已经等待了很久。我敢担保你两年就可以获得硕士学位……"

然而，玛妮雅接到这封信，并没有很热心，甚至没有高兴起来。因为她已经答应父亲，要和他住在一起。她这样写信回答布罗妮雅：

"……我曾经像梦想灵魂得救一样梦想过巴黎；但是，我已不再希望到那里去……我愿意陪伴父亲，使他的暮年有一些快乐……"

布罗妮雅坚持原意，再三辩论。不幸得很，布罗妮雅仍很贫困，没有力量凑足妹妹的旅费和学费。最后，她只好同意玛妮雅先做完F家约定的工作，再在华沙住一年，同时教课，增加积蓄。

玛妮雅当时还有一丝牵挂，她相信自己依旧爱着卡西密尔，希望能和他结婚。1891年9月，她约卡西密尔到喀尔巴阡山的察科巴纳见面。

他们这次见面，终于使这场恋爱有了决定性的结果。

那个贵族学生卡西密尔反复对玛妮雅说他的犹豫和恐惧，这些话他说过不止上百次了。玛妮雅觉得厌烦透了，她终于说出一刀两断的话："假如你想不出解决我们处境的办法来，我是不能教给你的。"

在这场时间很长的恋爱中，玛妮雅始终是矜持而自尊的。

玛妮雅已经切断了那条系着她的不坚定的绳索。她再也不能压抑自己内心的焦虑。她计算了一下自己过了多少年痛苦的日子，内心一直像油煎。她离开中等学校已有8年，做家庭教师已经6年，她已经不是一个觉得来日方长的少女。再过几个星期，她就是24岁了。

忽然，玛妮雅大声疾呼，向姐姐布罗妮雅求助。1891年9月23日，玛妮雅写信给布罗妮雅："亲爱的姐姐：我现在请你给我一个确实的答复，请你决定是否能让我住在你家里。因为，我能够来了……今年夏天我经历过一场残酷的折磨。这是将要影响我今后生活的，到巴黎去可以使我的精神平衡……"

布罗妮雅很快就回了信，盼望能早日见到玛妮雅。

玛妮雅将包裹放在火车车厢里占好一个座位，就又下来到月台上。她穿着一件磨得露出线席子的宽大外衣，脸色鲜艳，灰色的眼睛闪着异常热烈的光辉。她的样子显得多么年轻啊！

玛妮雅忽然感动又苦恼地想到种种顾虑，她拥抱父亲，对他说了许多温柔、关心的话，差不多像谢罪一样。

汽笛和铁轨的铿锵声冲破了黑夜，这列四等车启动了。

玛妮雅她没有、绝对没有想到，她一走上这列火车，就是在黑暗与光明之间终于作出了选择；她是在毫无变化的渺小岁月与极伟大的生活之间终于作出了选择。

居里夫人：法国物理学家、化学家，原籍波兰。她是放射性元素——镭的发现者，两次获得诺贝尔奖。玛妮雅是居里夫人在母亲家时的称呼。

当你能够做出正确选择时候。就意味着你已经走向成功了。在人生当中，选择不仅仅决定了我们的一个判断方向，更重要的是抉择了人生的一个过程，甚至影响到了一个人生命运。幸而居里夫人选择了去巴黎，选择了去追求知识，否则世间又少了一位奇女子。

珍贵的纯净水

穷真的没什么,它不是一种光荣,也绝不是一种屈辱,它只是一种相比较而言的生活状态,是需要认识和改变的一种现状。如果把它看作是丑陋的外衣,那么它就真的遮住了心灵的光芒。

这是我一个朋友的故事。

一瓶普通的纯净水,两块钱。一瓶名牌的纯净水,3块钱。真的不贵。每逢上体育课的时候,就有很多同学带着纯净水,以备在激烈运动之后,可以酣畅地解渴。

她也有。她的纯净水是乐百氏的。每到周二和周五下午,吃过午饭,母亲就把纯净水拿出来,递给她。接过这瓶水的时候,她总是有些不安,家里的经济状况不怎么好,母亲早就下岗了,在街头卖雾布。父亲的工资又不太高。不过她更多的感觉却是高兴和满足,因为母亲毕竟在这件事上给了她面子,这大概是她跟得上班里那些时髦同学的唯一一点时髦之处了。

一次体育课后,同桌没有带纯净水,她很自然地把自己的水递了过去。

"喂,你这水不像是纯净水啊。"同桌喝了一口,说。

"怎么会?"她的心跳得急起来,"是我妈今天刚给我买的。"

几个同学围拢过来:"不会是假冒的吧?假冒的便宜。"

"瞧，生产日期都看不见了。"

"颜色也有一点杂。"

一个同学拿起来尝了一口："咦，像是凉白开呀！"

大家静了一下，都笑了。是的，是像凉白开。一瞬间，她突然清晰地意识到，自己喝了这么长时间的纯净水，确实有可能是凉白开。要不然，一向节俭的母亲怎么会单单在这件事上大方起来呢？

她当即扔掉了那瓶水。

"你给我的纯净水，是不是凉白开？"一进家门，她就问母亲。

"是。"母亲说，"外面的假纯净水太多，我怕你喝坏肚子，就给你灌进了凉白开。"母亲看了她一眼，"有人说你什么了吗？"她不作声。母亲真虚伪，她想，明明是为了省钱，还说是为我好。

"当然，这么做，也能省钱。"母亲仿佛看透了她的心思，又说，"你知道吗？家里一个月用7吨水，一吨水0.85元，7吨水将近6块钱。要是给你买纯净水，一星期两次体育课，就得6块钱。够我们家一个月的水费了。这么省下去，一年能省六七十块钱，能买好几只鸡呢。"

母亲是对的。她知道，作为家里纯粹的消费者，她没有能力为家里挣钱，却有义务为家里省钱。况且，喝凉白开和喝纯净水对她的身体来说真的没什么区别。可她还是感到一种莫名的委屈和酸楚。

"同学里有人笑话你吗？"母亲又问。她点点头。

"你怎么想这件事？""我不知道。"

"那你听听我的想法。"母亲说，"我们是穷，这是真的。不过，你要明白这样几个道理：一、穷不是错，富也不是对。穷富都是日子的一种过法。二、穷人不可怜，那些笑话穷人的人才真可怜。凭他怎么有钱，从根儿上查去，哪一家没有几代穷人？三、再穷，人也得看得起自己，要是看不起自己，心就穷了。心要是穷了，就真穷了。"

她点点头。那天晚上，她想了很多。天亮的时候，她真的想明白了母亲的话：穷真的没什么，它不是一种光荣，也绝不是一种屈辱，它只是一种相比较而言的生活状态，是她需要认识和改变的一种现状。如果她把它看作是一件丑陋的衣衫，那么它就真的遮住了她心灵的光芒；如果她把它看作了一件宽大的布料，那么她就可以把它做成一件温暖的新衣。甚至，她还可以把它当成魔术师手中的道具，用它变幻出绚丽的未来和梦想。就是这样。

她方才明白，自己在物质上的在意有多么小气和低俗。而母亲的精神对她而言又是一种多么珍贵的纯净水。这种精神在经历了世态炎凉之后依然健康，依然纯粹，依然保持了充分的尊严和活力。

这，大概就是生活贫穷的人最能升值的财富吧。

后来，她去上体育课，依然拿着母亲为她灌的凉白开。也有同学故意问她："里面是凉白开吗？"她就沉静地看着问话的人说："是呀。"

再后来，她考上了大学，毕业后找到了一个不错的工作，拿着不菲的薪水。她可以随心所欲地喝各种名贵的饮料，更不用说纯净水了。可是，只要在家里，她还是喜欢喝凉白开。她对我说，她从来没有喝过比凉白开味道更好的纯净水。

贫穷并不可怕，可怕的是缺少自强自立的精神；贫穷不可怕，可怕的是遇难而退或甘愿平庸、贫穷而导致持久贫穷。意志上对贫穷的妥协，会导致行为上对改变贫穷的放弃，最终会让贫穷伴随一生。

认识自己的缺点

有人问泰戈尔三个问题：第一，世界上什么最容易？第二，世界上什么最难？第三，世界上什么最伟大？泰戈尔回答：指责别人最容易，认识自己最难，爱最伟大。

彼得小时候家里很穷，父母又在他刚上大学时相继去世。但是噩运并没有击倒他，反而让他坚强起来。彼得经过苦苦拼搏，好容易才供自己和弟弟加里上完了大学。大学毕业后彼得又凭着他的勇气和才华，在纽约开了一家广告代理公司，事业蒸蒸日上，他自己也成为当地的成功人士。

有一天，彼得来到弟弟加里所居住的城市波士顿，住进了一家旅馆。他没有料到，就在这一天，三个电话竟改变了他的生活和他的一些做人处世观念。

刚刚住下，他就急着给弟弟家拨了电话，电话是弟媳安妮接的，他以命令的口吻要求弟弟加里和安妮一定要来和他共进晚餐，他希望今晚就能见到他们。

"不，谢谢啦。"弟媳马上说，"加里今晚有商务洽谈，我也忙得很。如果他打电话回家，我会让他给你个准信的。"

他听出，她的话中有不屑的味道。他不在乎地耸耸肩，然后给一个大学的老朋友挂电话，请他共进晚餐。这位朋友的回答使他感到震惊："加里和安妮恰好今晚请客做东，我们一起去，在那里会面。"

他感到困惑和尴尬，甚至有些生气。当他刚刚放下听筒，电话铃又响起来。

"哥哥吗？我是加里，你都好吗？非常抱歉，今晚我实在抽不开身，明天一起吃饭怎么样？"

他几乎不相信这是弟弟亲口说的话。他只好咕噜着答应了。

为什么他们要撒谎？彼得一夜难眠。第二天，他就急急开车来到弟弟家。

安妮一开门，他冲口就问："昨晚你们为什么不请我？"

"彼得，我对此非常抱歉。加里本来要请你，但我告诫他，我们最好不要把好好的聚会给毁了——你准会把一切给毁了的。"

"你怎么能这么胡说？"彼得生气了。

"因为这是事实。彼得，你为什么就没想到我们迁居波士顿不为别的，就是为了要摆脱你呢？你是个成功人士，处处要引人注目。只要你在身边，加里就感觉是在你的阴影之下。凡加里要说的每句话、要表达的每个意见、想说的每件事，你都要他符合你的意愿，甚至你对他的每个做法都要提出不同意见。昨晚的聚会，大学校长也出席了。我们希望加里能得到升迁，而你若在的话，总是将自己凌驾在加里之上。这就是我决定不邀请你的原因。"

这件事令彼得很苦恼，但他不明白为什么会这样。几天后，彼得来找他的朋友、心理医生爱德文。

"这件事一直让我不得安宁，我不知道该怎么做。"彼得说，"那个女人是我的死对头。我决不能让她离间我和加里，得想个解决的办法。"

爱德文医生看着彼得。"解决的办法我有，"他说，"只是怕你接受不了罢了。你的弟媳给你的忠告也许是最好的：要有自知之明。与其他人一样，你不是一个人，而是三个：你自以为你是什么样的人；在别人眼中你是什么样的人；最后，真实的你又是什么样的人。一般说来，那个真实的'我'，没有人知道。你为什么不试试和他熟悉一下呢？你的生活将会因此而全盘改观的。"

爱德文医生建议他：面对自己，在开口或行动之前，先与自己的最初想法或冲动较较劲。

那天晚上，彼得与几个熟人一起去吃饭。其中一位开始说笑话，而这笑话彼得早就听过，所以他眼光飘移，显得漫不经心。他想到另一个更有噱头的趣闻，他心痒难熬，恨不得那人立刻闭嘴，好让自己开口。突然，他心中凛然一惊，记起爱德文医生的告诫，而安妮的话又一次在他心中响起……

当大家都笑起来时，彼得冲口说："妙极了，你说得真是太精彩了。"那位说笑话的人投给他感激地一瞥，表示领情。

这小小的经验正是彼得向自己挑战的起点。诸如此类的事，他又在自己身上发现不少。越是深入了解自己，他越感到不能容忍自己的缺点。

两周后，他告诉爱德文，他为自己的行为深感悔恨。"我现在打算再去波士顿一趟，这小包是我给侄儿捎去的生日礼物。我本打算给他买一架价值5000元的照相机，但我立刻意识到，这昂贵的礼物会把他父亲可能给他的普通礼物比下去的，这样不好。而这一包礼物却是金钱买不到的。"

安妮给他开门时眼中露出疑惑的表情，彼得脸上带着微笑。一会儿，他与侄儿坐在客厅的地板上，他的膝盖上搁着打开的礼物：那是一个黑本子，破旧的封面上看不见书名。"这是一本剪报簿。"彼得对孩子说，"我珍存它已经好多年了。我将有关你父亲的东西都贴进去：他在中学时曾获游泳冠军，我将体育的报道剪下来贴进去，这是相片。这里还有一封信，是我世上第二要好的朋友写的。你看，这信上说，'你'也就是指我，才华横溢，可你弟弟加里却有着温柔的心肠——这是更可贵的。"

突然，孩子问："那么，这世上，谁是你第一要好的朋友呢？"

"就是窗口前站着的这位太太，"彼得说，"好朋友敢跟你讲真话，而你母亲就是这么做的——当我最需要的时候，她给了我忠告，让我认识到了自己的缺点。我怎么感谢她都永远不够。"

接着,安妮还做了一件让彼得感怀一生的事——她用双臂搂着彼得的脖子,给了他一个姐妹式的亲吻。

作为一个正常的人,对自己总会有一定的认识,这些认识是否符合实际,各人就会出现许多差异。有些人容易看到自己的优点和长处,而看不到自己的缺点和错误;有些人看到自己很多问题,但却看不到自己的主要问题;也有些人看到自己的弱点和不足,却看不到自己的一点长处。要想改变自己的命运,首先得认识自己,然后再确定适合自己的发展方向。

父亲那个温暖的拥抱

有位教育家说过:"没有批评的教育是不完整的教育。"我认为还有一种教育更能改变学生的错误,那就是——激励教育。美国哈佛大学心理学家威廉·詹姆斯教授在《行为管理学》书中说:"经过激励后,人的学习能力相当于激励前的三四倍。"

球王贝利出生在巴西海岸线附近一个贫困的小镇里,父亲是位因伤退役、穷困潦倒的前足球运动员。贝利从小酷爱足球运动,很早就显现出踢球的天分。因为家里穷,父亲没有钱买足球,但为了鼓励儿子贝利对足球的热爱,他用大号袜子、破布和旧报纸,做成了一个自制"足球"送给儿子。从此,贝利常常光着黑瘦的脊梁,在家门前坑坑洼洼的街面上,赤着脚向想象中的球门冲刺。

10岁时,贝利和伙伴们组建了一支街头足球队,在当地渐渐小有名气。足球在巴西人的生活中有着举足轻重的地位,因此,镇里开始有不少人向崭露头角的贝利打招呼,还给他敬烟。贝利很享受那种吸烟带来的"长大了"的感觉,渐渐有了烟瘾。但因为买不起烟,他开始到处找人索要。

一天,贝利在街上向人要烟时被父亲撞见了。父亲的脸色很难看,眼里充满了忧伤和绝望,甚至还有恨铁不成钢的怒火,贝利不由得低下了头。

回家后，父亲问贝利抽烟多久了，他小声辩解说自己只吸过几次。忽然，贝利看见面前的父亲猛然抬起了手，他吓得肌肉紧绷，不由自主地捂住自己的脸。父亲从来没有打过他，可今天他的错误确实有些大了，小小年纪就抽烟，而且还撒谎。然而出人意料的是，父亲给他的并不是预想的耳光，而是一个紧紧地拥抱。

父亲把贝利搂在怀中说："孩子，你有踢球的天分，可以成为一个伟大的球员。但如果你抽烟、喝酒、染上各种恶习，那足球生涯可能就至此为止了。一个不爱惜身体的球员，怎么能在90分钟内一直保持较高的水平呢？以后的路怎么走，你自己决定吧。"

父亲放开贝利，拿出瘪瘪的钱包，掏出里面仅有的几张纸币说："如果你真忍不住想抽烟，还是自己买的好。总向别人索要，会让你丧失尊严。"

贝利感到十分羞愧，眼泪几乎要夺眶而出，可当他抬起头时，发现父亲的脸上已是泪水纵横……

后来，贝利再没有抽过烟，也没有沾染任何足球圈里的恶习。他以魔术般的足球天赋和高尚谦逊的品格，被誉为20世纪最伟大的运动员。

多年以后，已成为一代球王的贝利仍不能忘怀当年父亲的那个拥抱，他说："在几乎踏上歧路时，父亲那个温暖的拥抱，比给我多少个耳光都更有力量。"

选择沟通的方式，有时比沟通的目的和意义更难。贝利父亲用拥抱托起了儿子成功的基石，而拥抱所带来心灵上的温暖则产生了获得终身成就的力量。如果你已为人父母，一定要注意和孩子沟通的方式！

收藏盒中的汇款单

父亲不像母亲那样，总是随时在耳边唠叨衣食住行，可是，父爱却悄无声息地影响着我们，包围着我们，支撑着我们坚强、乐观地面对人生。可能小时候不觉得，可成年后回头看看才发现，自己的人生中竟无处不烙下父亲的印记。

工作后，我极少打电话给父亲，只是在每月领了工资后，寄500块钱回家。每次到邮局，我总会想起大学时父亲寄钱的情景。四年来，他每月都要将收废品挣到的一大把卷了角的零钱，在服务人员鄙夷的眼光中，谦卑地放到柜台上……

而今，我以同样的方式，每月给父亲寄钱。邮局的人，已经跟我相熟，总是说，半年寄一次多方便，或者你给父亲办个卡，直接转账，就不必如此烦琐地一次次填地址了。每一次，我只是笑笑，他们不会明白，这是我给予父亲的一个虚荣。当载着绿色邮包的邮递员，在门口高喊着父亲的名字，让他签收汇款单的时候，左邻右舍都会探出头来，一脸羡慕地看着他完成这一"庄严"的程序。

父亲会在汇款来到的前几天，就焦虑而又幸福地等待着。去镇上邮局取钱的这天，他会像出席重要会议一样，穿上最整洁的衣服，徒步走去。一路上，总会有人问，干什么去啊？他每次都扬扬手里的汇款单，说，儿子寄钱来了，去邮局取钱。对于父亲，这应当是一次幸福的旅程吧。别人的每次问话，都让他的幸福加深一次，而那足够他一月花费的500元钱，反而变得微不足道了。

汇款单上的附言一栏里，我和父亲当年一样，总是任其空着。我曾经试图在上面写过一些话，让父亲注意身体，或者晚上早点休息，但每一次写完，我又撕掉了。邮局的女孩子总是笑着问我：写得这么好，你爸看到会开心的，为什么要去掉呢？我依然笑笑，不做解释。这不是我们彼此表达关爱的习惯。

只有一次，邮局的女孩特意提醒我，说：建议你这一次在附言里至少写上一句话。我一怔。她继续说：等你父亲收到汇款的时候，差不多就到父亲节了，这句话，可是比你这500块钱重要多了。或许整个小镇上的人，都没有听说过父亲节，这样一个略带矫情的节日，只属于城市。但我很顺从地依照她的话，在附言栏里一笔一画写下：祝父亲节快乐。

但正是这张汇款单，父亲不知为何，竟忘了去取钱。两个月后，钱给退了回来。我打电话去问他。他说：忘了。我有些恼怒，因为自己写下了祝福，他不仅没有一句回话，竟是连钱也忘了取。去邮局补寄的时候，我气咻咻地讲给女孩子听。她凝神听了一会儿，插话道：我觉得未必是你父亲忘了，说不定他是想要将这张有祝福的汇款单留下做纪念呢。我愣住了，随即摆手，说，怎么可能呢，他从来都不是这样细心的人。

但父亲，的确是这样细心的人。而且，这个秘密，他自始至终对谁都没有讲过。那年春节，我无意中拉开父亲的抽屉，才看见了那张被他放入收藏盒中的汇款单。那句短短的祝福，父亲早已看到，且以这样的方式，藏进了心底。

所谓父爱如山、父爱无言，父亲的社会和家庭角色定位往往权威、强势、严肃，而他们对子女的爱一般也是深沉的、隐藏的，不浮于表面。很多父亲养家糊口，甘当家庭的顶梁柱，却不愿意或不习惯去陪伴、沟通、照顾，不擅长细腻、柔情、呵护。尽管如此，父爱同样是最无私的爱。

黑暗的照耀

文坛巨匠巴金曾说过:"我的生活目标,无一不是在帮助别人,使每一个人都得着春天,每颗心都得着光明,每个人的生活都得着幸福,每个人的发展都得着自由。"我希望,这也是你的生活目标。

那年我15岁,正与青春期的懵懂和莽撞不期而遇。

夏日的一个下午。在去庄稼地拔草的路上,我忽然看见路边有一只健硕的蟋蟀,一时兴起,我立即就追起那只蟋蟀,可那只蟋蟀却灵巧得很,三蹦两跳地就躲进了一大堆花生秧中。可我对那只蟋蟀怎么也不甘心。于是,我就把那堆花生秧点燃了。想把蟋蟀熏出来,可让我没有想到的是,那堆干枯的花生秧趁着强劲的西南风,马上就腾起了熊熊的大火!

眼见闯了大祸的我,则趁着大人们呼喊着来救火的混乱,一口气跑到了野地里。

随着那堆花生秧上方烟尘的逐渐消散。夜色慢慢地降临了,躲在一处玉米地里的我也感到饥饿、恐惧起来。

起先,我认为家里人会因为担心我。会寻到庄稼地里喊我的,那我就可以乘机回家。可是,正当我这样想着时。我忽然看到有很多村里人匆匆地来到离我不远的花生地里,拔掉了尚是青翠的花生秧。并不住地叹息道:"看看,这些花生都还未成熟,要不是那些干的花生秧被烧掉了,真舍不得拔掉了喂牛!"

听到这里，我就想起了父亲曾经说过的话：因为缺乏饲料，那堆花生秧是生产队里耕牛的食料，就像是耕牛的命根子。现在烧了花生秧，等于要了耕牛的命，岂不就是要了全村人的命？

躲在庄稼地里的我，越来越意识到了事情的严重性。我甚至认为，如果我现在回去被村里人抓住的话，可能会被打死的！

随着夜色的逐渐加深，我慢慢地下定了要离家出走的决心。甚至，我还朝着自己家门的方向一边流着泪一边痛苦地想，也许，我一辈子都不可能再回来了。

然而，就在我刚钻出那片庄稼地时，我却看见父亲站在了面前！刚开始，我以为父亲是来抓我的，撒腿就跑。可父亲一把抓住了我，要我马上跟他回家，并说村里人不会把我怎么样的。

父亲的话让我有了稍微的放松，可马上，我又警惕地问道："如果我回去了，村里人抓住我怎么办？再说了，就算他们不抓我，可我惹了这么大的事，让村里的耕牛断了口粮，如果让他们看见，我的脸往哪里放啊？"

我这样问是有理由的，我们那个村子很小，全村人家就住在一条大街的两边，我家就住在村子的尽头。如果我回家的话，就要经过那条大街，就得经过村里每家的门口，那样的话，保不准就会有人出来抓住我的。

也许是看出了我的疑虑，父亲就指着村子对我说道："你看，村里人都劳累了一天，现在都歇息去了。家里的灯都熄了呢！"

顺着父亲的手看去，果然，我看见村子里漆黑一片。要知道，那时我们村里刚刚通电不久，夜晚干活时，村里人经常在各自门口亮起灯泡，村子里往往灯火通明。

看到村子里真的没有灯光，我才相信了父亲的话，才随着父亲向村里走去。

然而，当我来到村里的大街上时，却发现每家的门口虽然都没有亮灯，可每家的门口却都有人在摸黑忙碌着：他们都在摔打着刚从地里拔来的花生秧，把上面还未成熟的花生摔下来后，好让耕牛吃那些花生秧(这是父亲回家后告诉我的)。不光没有亮着灯，并且当我和父亲经过每家的门前时，村人都好像没有看见我们似的，没有跟我和父亲说话，只顾摔打着各自的花生秧。

走在大街上的那一瞬间，我忽然明白了：原来，当知道我要回家时，善良的村人们不约而同地选择了没有亮灯，以此来宽容和原谅我的过错。

就这样，我在漆黑中经过村子的大街，从村人们的面前一一走过，在释然与感激中回到了家中。

这件事情虽然已经过去了很多年，可我却一直认为，正是由于那个晚上村里人制造的善意的黑暗，才让我得以有勇气回家，也才让我那颗几近绝望的少年的心得以安然。长久以来，那个晚上的黑暗一直牢牢地占据在我的心灵最深处，并以最为明亮的灯光的姿态，照耀着我的每一步前进。

悲观者认为生活是枯燥无味的，没有一丝温暖。可是他错了，生活中的点点滴滴都能够体现出爱的温暖。走在道中是棵棵花草点缀了你的道路；走在大海边是朵朵浪花装饰着你的道路；走在生活中就会有一颗颗心、一份份爱充溢着你的道路。

两块不说话的石头

父母对孩子的爱始终如一,而且还让孩子明白,父母对他的爱是不变的,不管他有哪些缺点,不管他做了什么事,不管他犯了什么错误,爸爸妈妈都会永远爱他。这样无条件的爱会带给孩子一种坚实的"安全感"。

许多年前,当我还是一个13岁的少年时,看见街上有人因为要盖房子而挖树,很心疼那棵树的死亡,就站在路边呆呆地看。树倒下的那一瞬间,同时在观望的人群发出了一阵欢呼,好似做了一件值得庆祝的事情一般。

树太大了,不好整棵运走,于是工地的人拿出了锯子,把树分解。就在那个时候,我鼓足勇气,向人开口,很不好意思地问,可不可以把那个剩下的树根送给我。那个主人笑看了我一眼,说:"只要你拿得动,就拿去好了。"我说我拿不动,可是拖得动。

就在又拖又拉又扛又停的情形下,一个死爱面子又极羞涩的小女孩,当街穿过众人的注视,把那个树根弄到家里去。

父母看见当时发育不良的我,拖回来那么大一个树根,不但没有嘲笑和责备,反而帮忙清洗、晒干,然后将它搬到我的睡房中去。

以后的很多年,我捡过许多奇奇怪怪的东西回家,父母并不嫌烦,反而特别看重那批不值钱但是对我有意义的东西。他们自我小时候,就无可奈何地接纳了这样一个女儿,这样一个有时被亲戚叫成"怪人"的孩子。

我的父母并不明白也不欣赏我的怪癖，可是他们包涵。我也并不想父母能够了解我对于美这种主观事物的看法，只要他们不干涉，我就心安。

许多年过去了，在父女分别了20年的1986年，我和父母之间，仍然很少一同欣赏同样的事情，他们有他们的天地，我，埋首在中国书籍里。我以为，父母仍是不了解我的——那也算了，只要彼此有爱，就不必再去重评他们。

就在前一个星期，小弟跟我说第二天的日子是假期，问我是不是跟父母和小弟全家去海边。听见说的是海边而不是公园，就高兴地答应了。结果那天晚上又去看书，看到天亮才睡去。全家人在次日早晨等着我起床一直等到11点，母亲不得已叫醒我，又怕我不跟去会失望，又怕叫醒了我要丧失睡眠，总之，她很为难。半醒了，只挥一下手，说："不去。"就不理人翻身再睡，醒来发觉，父亲留了条子，叮咛我一个人也得吃饭。

父母不在家，我中午起床，奔回不远处自己的小房子去打扫落花残叶，弄到下午5点多钟才再回父母家中去。

妈妈迎了上来，责怪我怎么不吃中饭，我问爸爸在哪里，妈妈说："嗳，在阳台水池里替你洗东西呢。"我拉开纱门跑出去喊爸爸，他应了一声，也不回头，用一个刷子在刷什么，刷得好用力的。过了一会儿，爸爸又在厨房里找毛巾，说要擦干什么，他要我去客厅等着，先不给看。一会儿，爸爸出来了，妈妈出来了，二老手中捧着的是两块石头。

爸爸说："你看，我给你的这一块，上面不但有纹路，石头顶上还有一抹淡红，你觉得怎么样？"妈妈说："弯着腰好几个钟头，丢丢捡捡，才得了一个石球，你看它有多圆！"

我注视着这两块石头，眼前立即看见年迈的父母弯着腰、佝着背，在海边的大风里辛苦翻石头的画面。

"你不是以前喜欢画石头吗？我们知道你没有时间去拣，就代你去了，你看看可不可以画？"妈妈说着。我只是看着比我还要瘦的爸爸发呆又发呆。一时里，我想说他们太痴心，可是开不了口，只怕一讲话声音马上哽住。

这两块最朴素的石头，没有任何颜色可以配得上它们，是父母在今生送给我的意义最深最广的礼物，我相信，父母的爱——一生一世的爱，都藏在这两块不说话的石头里给了我。父母和女儿之间，终于在这一瞬间，在性灵上，做了一次最完整的结合。

父母之爱，无处不在。父母之爱是温暖的，它让我们即便在寒冷的冬天也能感受得到温暖如春；父母之爱是湿润的，它让我们即使蒙上了岁月的风尘，依然清澈澄净；父母之爱是伟大的，它激励我们学习、奋进。它在马路上，在家里，在人间的处处关爱中……

这是我儿子的鱼

孩子是鲜活的生命,同样有丰富的情感和个性,只有充分尊重孩子,才能使他健康、快乐、全面地发展。每个人都渴望得到别人的尊重,孩子也同样。一个孩子得到大人的尊重,长大后他也就会懂得该如何去尊重他人。

我环顾周围的钓鱼者,一对父子引起我的注意。他们在自己的水域一声不响地钓鱼。钓到,接着又放走了两条足以让我们欢呼雀跃的大鱼。儿子大概是12岁左右,穿着高筒橡胶防水靴站在寒冷的河水里。两次有鱼咬钩,但又都挣扎着跑脱了。突然,男孩的钓竿猛地一沉,差一点把他整个人拖倒,卷线轴飞快地转动,一瞬间鱼线被拉出很远。

看到那鱼跳出水面时,我吃惊得合不拢嘴。"他钓到了一条王鲑,个头儿不小。"伙伴保罗悄悄对我说,"相当罕见的品种。"

男孩冷静地和鱼进行拉锯战,但是强大的水流加上大鱼有力地挣扎,孩子渐渐地被拉到布满漩涡的下游深水区的边缘。我知道一旦鲑鱼到达深水区就可以轻而易举地逃脱了。孩子的父亲虽然早把自己的钓竿放在一旁,但一言不发,只是站在原地关注着儿子的一举一动。

一次、两次、三次,男孩儿试着收线,但每次都不成功,鲑鱼猛地向下游窜去,显然在尽全力向深水靠拢。十五分钟过去了,孩子开始支持不住了,即使站在远处,我也可以看到他发抖的双臂正使出最后的力气奋力抓紧钓竿。冰冷的河水马上就要漫过高筒防水靴的边缘。王鲑离深水区越来越近了,钓竿不停地左右扭动。突然孩子不见了。

一秒钟后，男孩从河里冒出头来，冻得发紫的双手仍然紧紧抓住钓竿不放，他用力甩掉脸上的水，一声不吭又开始收线。保罗抓起渔网向男孩走去。

"不要！"男孩的父亲对保罗说，"不要帮他，如果他需要我们的帮助，他会要求的。"

保罗点点头，站在河岸上，手里拿着渔网。

不远的河对岸是一片茂密的灌木丛，树丛的一半没在水中。这时候鲑鱼突然改变方向，径直窜入那片灌木丛。我们都预备着听到鱼线崩断时刺耳的响声。然而，说时迟那时快，男孩儿往前一扑，紧追着鲑鱼钻入稠密的灌木丛。

我们三个人都呆住了，男孩的父亲高声叫着儿子的名字，但他的声音被淹没在河水的怒吼声中。保罗涉水到达对岸示意我们鲑鱼被逮住了。他把枯树枝拨向一边，男孩儿紧抱着来之不易的鲑鱼从树丛里倒退着出来，保持着平衡。

他瘦小的身体由于寒冷和兴奋而战栗不已，双臂和前胸之间紧紧地夹着一条大约14公斤重的大鱼。他走几步停一下，掌握平衡后再往回走几步。就这样走走停停，孩子终于缓慢但安全地回到岸边。

男孩的父亲递给儿子一截绳子，等他把鱼绑结实后弯腰把儿子抱上岸。男孩躺在泥地上大口喘着粗气，但目光一刻也没有离开自己的战利品。保罗随身带着便携秤，出于好奇，他问孩子的父亲是否可以让他称称鲑鱼到底有多重。男孩的父亲毫不犹豫地说："请问我儿子吧，这是他的鱼！"

有些人觉得孩子太小，没有思想，不明对错，所以有时候对孩子说话不知轻重。难道就因为他还小，所以就任由我们去使唤吗？孩子虽小，可是也有自己的意愿。他知道自己想做什么，不愿做什么。我们不应该去勉强他，如果把孩子当成我们的私人财产随意管教，制止他的行为，侵犯了孩子的自主权和自尊心，很容易影响他的成长。

关键是他做了没有

世界上有一种爱,它无处不在,让你肆意索取,让你坦然接受;世界上有一个人,她默默无闻,把所有的爱都给予你,而不求任何回报。这种爱,叫母爱,这个人叫母亲。

夏季的一天,天色很好,我决定出去散步。在一片空地上,我看见一个10岁左右的男孩和一位妇女。那孩子正用一只做得很粗糙的弹弓射击一只立在地上、离他有七八米远的玻璃瓶。

那孩子有时能把弹丸打偏一米,而且忽高忽低。我便站在他身后不远处,看他练习,因为我还没有见过打弹弓这么差的孩子。那位妇女坐在草地上,从一堆石子中捡起一颗,轻轻递到孩子手中,安详地微笑着。

那孩子一颗颗接过来,一颗颗打出去,当然,他都浪费掉了。从那妇女的眼神可以看出,她是孩子的母亲。

那孩子很认真,屏住气,很久才打出一弹。但我站在旁边都可以看出他这一弹一定打不中,可是他没有罢手的意思。

我走上前去,对那位母亲说:"让我教他怎么打好吗?"

男孩停住了,但还是看着瓶子的方向。

母亲对我笑了一笑,说:"谢谢,不用!"她顿了一下,望着孩子悄悄对我说,"他看不见。"

我怔住了。

半晌,我喃喃地说:"噢……对不起,但为什么……"

"别的孩子都这么玩儿的,不是吗?"

"呃……"我说,"可是他……怎么能打中呢?"

"我告诉他,总会打中的。"母亲平静地说,"关键是他做了没有。"

我沉默了。

过了很久,男孩的频率逐渐慢了下来,他已经累了。

母亲并没有说什么,还是很安详地捡石子,微笑着,只是递石子的节奏也慢了下来。

我慢慢发现,这孩子打得很有规律,他射出一弹,向一边移一点,射击一弹,再移一点,然后再慢慢地反方向移回来。

他只知道大致的方向啊!

夜风轻轻袭来,蛐蛐在草丛中轻唱起来,天幕上已有了疏朗的星星。弹弓皮条发出的"噼啦"声和石子崩在地上的"砰砰"声仍在单调地重复着。对于那孩子来说,黑夜和白天并没有什么区别。

又过了很久,夜色笼罩下来,我已看不清那瓶子的轮廓了,但是男孩仍在尝试。

"看来今天他打不中了。"我想。犹豫了一下,我对他们说声再见,便转身向回走去。

走出不远,突然身后传来一声清脆的瓶子碎裂声,随即是划破夜空的、夸张得令人心碎的母子的欢呼声……

在我们生活中,母亲对孩子的爱是伟大的,也是无私的,可是我们的许多母亲对孩子的爱没有文中这个母亲这样科学与合理,有的只是溺爱,却不知道,在孩子成长的道路中最重要的不是给予帮助,而给他一种生活的勇气与力量。

这就是我的父亲

有时候，回首人生之路，我不觉得悲伤，不觉得痛苦，反倒觉得幸福，觉得庆幸，幸福着自己的拥有，幸福着未来的美好。庆幸自己可以如此坚强，庆幸自己还可以如此乐观。感谢天底下最伟大的父亲吧，感谢他赐予的坚强。

三年前的一天，我考高中，分数不够，要交八千元。正在发愁时，父亲回家笑着对母亲说，我下岗了。母亲听了就哭了，我跑过来问怎么了，母亲哭着说，你爸爸下岗了。父亲傻乎乎地笑个不停。我气愤地说，你还能笑得出来，高中我不上了！母亲哭得更凶了，说，不上学，你爸就是没有文化才下岗的。我说，没有文化的人多的是，怎么就他下岗，无能！

父亲失去工作的第二天就去找工作。他骑着一辆破自行车，每天早晨出发，晚上回来，进门笑嘻嘻的。母亲问他怎么样。他笑着说，差不多了。母亲说，天天都说差不多了，行就行，不行就重找。父亲道，人家要研究研究嘛。一天，父亲进门笑着说，研究好了，明天就上班。第二天，父亲穿了一身破衣服走了，晚上回来蓬头垢面，浑身都是泥浆。我一看父亲的样子，端着碗离开了饭桌。父亲笑了笑说，这孩子！第二天，父亲回家时穿得干干净净，脏衣服夹在自行车后面。

两个月下来，工程完了，工程队解散了，父亲又骑个自行车早出晚归找工作，每天早晨准时出发。我指着父亲的背影对母亲说，他现在的工作就是找工作，你看他忙乎的。母亲叹道，你爸爸是个好人，可惜他太无能了，连找工作都这么认真负责，还能下岗，难道真的是人背不能怪社会？

一天，父亲骑着一辆旧三轮车回来，说是要当老板，给自己打工。我对母亲说，就他这样的，还当老板？

我对父亲的蔑视发展到了仇恨，因为父亲整天骑着他的破三轮车拉着货，像个猴子一样到处跑。我们小区里回荡着他的身影，他还经常去我的学校送货，让我很是难堪。在路上碰见骑三轮车的父亲，他就冲我笑一下，我装作没有看见不理他。

有一次我在上学路上捡到一块老式手表，手表的链子断了，我觉得有点熟悉。放学路上，我看见父亲4骑得很慢，低着头找东西，这一次父亲从我面前走过却没有看见我。中午父亲没有回家吃饭，下午上学时我又看见父亲在路上寻找。晚上父亲笑嘻嘻地进门，母亲问，中午怎么没有回家吃饭。父亲说，有一批货等着送。我看了父亲一眼，对他突然产生了一种从没有过的同情。后来才知道，那块表是母亲送给父亲的唯一礼物。

有一天，我在放学路上看见前面围了好多人，上前一看，是父亲的三轮车翻了，车上的电冰箱摔坏了，父亲一手摸着电冰箱一手抹眼泪。我从没有见父亲哭过，看到父亲悲伤的样子，慌忙往家跑。等我带着母亲来到出事地点时，父亲已经不在了。晚上父亲进门笑嘻嘻的，像什么事也没发生一样。母亲问，伤着哪没有？父亲说，什么伤着哪没有？母亲说，别装了！父亲忙笑嘻嘻地说，没事，没事！处理好了，吃饭。第二天一早，父亲又骑三轮车走了。母亲说，孩子，你爸爸虽然没本事，可他心好，要尊敬你爸爸。我点了点头，第一次觉得他是那么可敬。

我和爸爸不讲话已经成了习惯，要改变很难，好多次想和他说话，就是张不开口。父亲倒不在乎我理不理他，他每天都在外面奔波。我暗暗下决心一定要考上大学，报答父亲。每当学习遇到困难或者夜里困了，我就想起父亲进门时那张笑嘻嘻的脸。

离开家上大学的那一天，别人家的孩子都是打"的"或有专车送到火车站，我和母亲则坐着父亲的三轮车去。父亲就是用这辆三轮车，挣够了我上大学的学费。当时我真想让我的同学看到我坐在父亲的三轮车上，我要骄傲地告诉他们这就是我的父亲。

父亲把我送上火车，放好行李。火车要开了，告别时我再也忍不住了，终于大声喊道，爸爸！除了大声地哭，我一句话也说不出来。父亲笑嘻嘻地说，这孩子，哭什么！

文中的父亲没有文化，还下岗了，但他仍然是家里的支柱，他用一双手撑起了整个天空。父亲生活很艰辛，每天在外奔波，有时还要忍受顾客的责骂与歧视。尽管辛苦劳累，受够委屈，但父亲回家时从不把风雨带回家，而是把微笑带回家，他为一家人营造了一个温馨的气氛。

对你最重要的人

在我们的生命中总有些特别重要的人，有亲人，有爱人，还有朋友，每一份情感都是那样的无法割舍，就像是要你选择舍去你肉体的一部分一样，如果有人要问你愿意割舍去左手还是右手或是左脚还是右脚，我想这样的选择是任何人都无法面对的残酷。

3年前，我和母亲吵过一架，那是很伤感情的一架。起因是我工作太忙，忙得没有时间经常去看她，即使去看她，也是从进门那一刻起电话就不断。有一次，从她做饭开始我就在打电话，是和我的一位顶头上司，凡是在职场历练过的人都知道这种电话的重要性。我妈的脸色越来越难看，最后几乎是把饭菜摔到桌子上。其实我已经委婉地暗示过我的上司，但是显然我的上司没有接招，没有接招的原因我也能理解，因为事情压到那儿了，否则，谁愿意大礼拜天跟下属费唾沫星子谈工作？

我捂着话筒对我妈小声说明这个电话的重要性，但是老太太已经愤怒了——她当然愤怒，她打电话到我办公室，往往才说两句就被我挂断，在挂断之前我总是那句："妈，我正忙，一会儿给你打。"然后这一会儿就可能是一个小时、一天、一个星期，甚至可能是她下次再打来电话。天地良心，我不是故意的。我是真的忙，忙得连上厕所都一路小跑。

那个星期天，我妈旧仇新恨涌上心头，说出的话句句悲愤，如匕首如投枪，稳准狠地扎向我："你心里还有这个家吗？还有你妈吗？你妈跟你打电话，你永远忙，忙得都没有时间听我把话说完！"

我泪如雨下，对她说："现在到处都在嚷嚷，不爱加班的员工不是好员工，你让我怎么着？你以为我是公主、皇亲国戚？您是圣母皇太后、王母娘娘？您说要过生日，全国上下放假一个星期？我跟单位领导说我妈不高兴了因为我工作太忙，他们能马上开恩让我回家陪您唠唠嗑说说话工资奖金还照发？"

那次爆发以后，我和我妈很长时间冷战。

我知道我伤害了她，但是，那不是我的本意——我并没有埋怨她不是皇亲国戚，或者没有家财万贯，我不能忍受的是她活了一辈子，为什么不能懂得作为小民百姓往上打拼的艰难？我照样上班，照样忙，甚至忙到连周六周日全搭上，我对她的愧疚就是寄钱——我们在同一个城市，但是我却通过中国邮政表达我的孝心。我妈是个倔强的母亲，她给我打电话，说你心里要是没有我这个妈，就不用寄钱。我也倔强，我说我寄钱是为了自己心里舒服一些。

那时候，如果要我排个次序，实事求是地说，我心中最重的不是亲情——当然有很多人会把亲情"口头"排在第一位，但在实际生活中，他们和我一样，总是先顾老板，再顾客户，然后依次是朋友、同事、有价值的人……

一个好朋友曾对我说，只有事业成功的人，才有资格享受亲情。普通人重亲情，那就是活该失败活该过苦日子，因为你连亲情的代价都不愿意付出，一天到晚要"热炕头"，你凭什么成功？

那个时候，我认为他说得对。直到有一天，我忽然病了，病得很严重——我在医院里待了有半年，身边的人最后只剩下母亲和老公。直到那一刻，我忽然明白，世界上对你最重要的人，其实就是你的亲人——无论你们之间发生过什么，有着什么样的前嫌，但是到你最困难的时候，能留在你身边，为你流泪，为你难过，为你风里来雨里去的，只有你的亲人。而其他的人，毕竟是其他的人。

可以说，亲情是世界上最伟大、最美好的感情，它不掺任何杂质，纯净得如同一汪泉水，无须太多语言，却显得格外厚重。但是，现实生活当中，我们却将在有意或无意之间伤害我们最亲、最挚爱的亲人。请记住，无论什么情况，请善对自己的亲人，请关心自己的亲人。